投影显示技术

赵坚勇 编著

国防工业出版社

·北京·

内 容 简 介

本书是介绍投影显示技术的通用基础教材。本书深入浅出地介绍了各种投影显示设备的基本原理、光学引擎和电路。

全书共9章，内容包括投影机的分类、参数和接口，光源与附件，常用的匀光器件、偏振光器件、合分色器件，阴极射线管（CRT）投影显示，液晶（LCD）投影显示，硅基液晶（LCoS）投影显示，数字式光处理（DLP）投影显示以及投影显示新技术，投影显示产业链。

本书可作为高等学校电子类专业的"投影显示技术"课程教材或大专、高职和中专相同专业的教材，也可作为从事电视监控技术工作的工程技术人员的参考书。

图书在版编目（CIP）数据

投影显示技术/赵坚勇编著. —北京：国防工业出版社，2014.1
ISBN 978-7-118-09111-3

Ⅰ. ①投…　Ⅱ. ①赵…　Ⅲ. ①投影仪　Ⅳ. ①TH741.5

中国版本图书馆 CIP 数据核字（2013）第 246117 号

※

国防工业出版社 出版发行

（北京市海淀区紫竹院南路 23 号　邮政编码 100048）
国防工业出版社印刷厂印刷
新华书店经售

*

开本 880×1230　1/32　印张 5¾　字数 149 千字
2014 年 1 月第 1 版第 1 次印刷　印数 1—3000 册　定价 36.00 元

（本书如有印装错误，我社负责调换）

国防书店：（010）88540777　　　发行邮购：（010）88540776
发行传真：（010）88540755　　　发行业务：（010）88540717

前　言

投影显示（Projection Display）是指由图像信息控制光源，利用光学系统和投影空间把图像放大并显示在投影屏幕上的方法或装置。

本书着重讨论投影显示技术的基本原理与关键技术，全书共分9章。

第1章概述，包括分辨力、亮度、对比度、像素缺陷和图像清晰度等投影机的主要特性，模拟信号接口、DVI接口、HDMI接口和DP接口等投影机的常用接口。

第2章光源及其附件，包括UHP灯、金属卤化物灯、氙灯、卤素灯、LED灯、OLED灯、激光光源、混合光源、双灯系统、反光碗、CPC集光器和UV/IR滤光镜。

第3章投影机常用光学器件，包括复眼透镜、光棒和反光镜等匀光器件，偏振片、PBS棱镜、1/2波片和PCS转换器等偏振光器件，色轮、色分光镜、X合色棱镜、TIR棱镜和等分色、合色器件，投影镜头和投影屏幕。

第4章CRT投影显示，包括CRT投影管、失聚产生、会聚原理、会聚电路构成、自动会聚修正和动态聚焦电路。

第5章液晶投影显示，包括液晶显示原理、液晶投影机电路构成、透射式液晶投影光学引擎、反射式液晶投影光学引擎、取样保持式驱动电路、锁存式驱动电路、电源保护电路和灯泡驱动电路。

第6章硅基液晶LCoS投影技术，包括LCoS器件工作原理、LCoS器件的特点、色轮式单片LCoS投影光学引擎、旋转棱镜式单片LCoS投影光学引擎、滤色膜式单片LCoS投影光学引擎、三片式LCoS光学引擎、采用ColorLink的三片式LCoS光学引擎、视频接口电路、

LED 光源控制电路、电池充放电控制电路和三色 LED 光源单片 LCoS 投影。

第 7 章数字式光处理（DLP）技术，包括 DMD 芯片、SmoothPictures 技术、单片式 DLP 投影光学引擎、三片式 DLP 投影光学引擎、DMD 芯片组和开发装置、DLP9500DMD 芯片组和三色 LED 光源单片式 DLP 投影光学引擎。

第 8 章投影显示新技术，包括激光投影显示、微投影技术、数字光路真空管 DLV、栅状光阀 GLV 和色轮技术。

第 9 章投影显示产业链，包括核心芯片供应商、核心芯片供应商与产业链厂家的矛盾、核心芯片技术的发展、核心芯片的选择、光机供应商和光机厂商与整机厂商的合作模式。

本书内容丰富、资料新颖、深入浅出、便于自学。本书可作为高等学校电子类专业的"投影显示技术"课程教材或大专、高职和中专相同专业的教材，也可作为从事电视监控技术工作的工程技术人员的参考书。为便于教学，本书编有相关教学课件，需要的老师可以向出版社或作者索取。

在本书的编写、审定和出版过程中，得到国防工业出版社的大力支持与帮助。专家们认真审阅了本书，提出了很多宝贵的意见，在此表示深切的感谢。由于编著者水平有限，书中难免还存在一些缺点和错误，敬请读者批评指正。

编著者

2013 年 9 月

于桂林电子科技大学

目　录

IX

第1章 概　　述

投影显示（Projection Display）是指由图像信息控制光源，利用光学系统和投影空间把图像放大并显示在投影屏幕上的方法或装置。根据显示器件形成图像的方式，投影显示可以分为发光型和调制型两类。

发光型投影显示是指显示器件上直接产生高亮度图像，再由光学系统投影至屏幕上观看，发光型投影显示有 CRT（Cathode Ray Tube，阴极射线管）投影显示和激光投影显示。

调制型投影显示的显示器件本身并不发光，而是根据输入图像信息改变显示媒质的某些电光特性（如反射率、投射率、折射率、双折射、散射等），经外加光源的照射，将显示器件上的信息转变为图像，经光学系统读出并投影在屏幕上。LCD（Liquid Crystal Display，液晶）投影、LCoS（Liquid Crystal on Silicon，硅基液晶）投影、DLP（Digital Light Processing，数字式光处理）投影都是调制型投影显示。

1.1　调制型投影显示

调制型投影显示系统通常由光源、照明光学系统、空间光调制器（Spatial Light Modulator）、视频输入接口与格式处理、驱动电路系统和成像光学系统等部分组成，如图 1-1 所示。

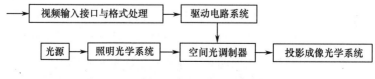

图 1-1　调制型投影显示系统组成方框图

1.1.1　前投影和背投影

投影仪按照所用屏幕的形态，分为前投影和背投影两类。

（1）前投影（正投）是用反射型的前屏幕方式，屏幕具有幕板、有孔玻璃珠、微粒等种类，投影仪与屏幕分离，结构简单，容易做到大型化。使用高反射率材质的屏幕表面（有平面及曲面型），能够得到明亮图像，不需要背面空间，声源可以放在屏幕后面，价廉、小型、轻量、可携带，适用于高画质的图像投影。但是外部光对于图像灰暗部分的画质有很大损伤，所以观看环境限定在暗室。

（2）背投影（后投）型是用透过型的后屏幕方式，屏幕有扩散型、双凸透镜、透镜阵列、带有菲涅耳镜片等种类。有与投影仪分离型以及投影仪和屏幕容纳在同一机箱内的一体型（背投影型投影仪）。背投影型屏幕的光透过率高，外光透过屏幕时在装置内部被吸收，因外光引起对比度降低的情况要比前投影型少，适合室内明亮环境中使用。

1.1.2　单片式系统和三片式系统

按照投影系统中所使用的微型空间光调制器件的数量，投影显示系统可以分为单片式和多片式，其中以单片式系统和三片式系统比较常见，两种投影显示系统在工作原理上最主要的区别在于采用不同的分色、合色方法。

单片式系统中，任何像素在任一时刻只能显示一种颜色的图像信息。因而，为了实现彩色显示，单片式投影系统通常让显示器件在不同时刻显示不同的颜色信息，对相应颜色的照明光进行调制，并利用人眼的视觉迟滞效果，将连续快速交替的单色图像融合为彩色图像。这种方法可以称为时间分色法。对于采用 R、G、B 作为三基色的系统，这种方法通常要求显示器件的显示频率是图像的 3 倍、6 倍或者更高。由于调制器在不同时刻显示不同颜色的图像信号，因而在任一时刻只能利用一种颜色的照明光，导致系统能量利用率较低。

三片式投影显示系统中，每一显示器件分别显示 R、G、B 三基

2

色中的一种颜色的图像信息，通常采用空间分色、合色的方法，首先将白色照明光分为 R、G、B 三单色光路，分别照明相应的空间光调制器，在经由特定的光学元件或光路结构将显示在显示器件上的 3 个单色图像的像精确地重叠在一起，合成为彩色图像，并由投影物镜成像在屏幕上。三片式系统通常具有更高的亮度和分辨力，但系统结构复杂，成本较高，常应用于对亮度等性能具有较高要求的高端投影显示设备。而单片式系统结构简单、成本低，但系统的能量利用率（亮度）也低，常应用于背投影系统或便携式正投影系统等产品。

1.2 投影机的主要特性

1.2.1 分辨力

在数字投影机和数字电视图像显示设备中，像素是组成一幅图像的具有亮度和色度的最小图像单元。因为组成一幅彩色图像的各像素由 R、G、B 三基色相加混色才能获得亮度和色度，因而红、绿和蓝三个光点算一个像素。

图像分辨力（Picture Resolution）表征图像细节的能力。对图像信号，常称为信源分辨力，由图像格式决定，通常用水平和垂直方向的像素数表示。对成像器件而言，阴极射线管（CRT）通常用中心节距表示，面阵 CCD，LCD，PDP（Plasma Display Panel，等离子体显示屏），DLP，LCoS，OLED（Organic Light Emitting Display，有机发光显示器）等固有分辨力成像器件，通常用水平和垂直方向的像素数表示。

我国 SDTV（Standard Definition Television，标准清晰度电视）信号图像的有效像素点阵是 720×576，也就是说，一幅 SDTV 图像由414720 个像素组成；我国 HDTV（High Definition Television，高清晰度电视）信号图像的有效像素点阵是 1920×1080，一幅 HDTV 图像由2073600 个像素组成。因此可以说，组成一幅 HDTV 图像的像素数是一幅 SDTV 图像的像素数的 5 倍。

3

成像器件的分辨力，CRT 通常用中心节距表示，而 LCD、PDP、DLP、LCoS、OLED 等固有分辨力的成像器件，通常用水平方向和垂直方向的像素数表示。如显示屏的固有分辨力为 1366×768，则它的像素数为 1366×768=1049088 个像素。

需要说明的是，数码摄像机、数码相机和手机的像素与投影机或彩色电视的像素不同，数码摄像机、数码相机和手机把 R、G、B 算是 3 个像素。例如，彩色电视的一幅图像的物理格式为 1920×1080，则它的像素数为 207 万，而对应的彩色数码摄像机的像素数则为 1920×1080×3=622 万。

按照计算机显示器的分辨力标准，图像显示也分为 SVGA、XGA、SXGA、UXGA 等几种规格。

（1）SVGA 的含义是超级视频图形阵列（Super Video Graphics Array），它的最小分辨力为 800×600 个像素，比较适用于 15 英寸[①]的显示屏。随着屏幕尺寸加大，必须要求增多扫描线，扩展每条线上的像素才能保证高质量的图像。

（2）XGA 的含义是扩展图形阵列（Extended Graphics Array），它的分辨力为 1024×768 个像素，特别适用于 17 英寸和 19 英寸显示屏。

（3）SXGA 的含义是超级扩展图形阵列（Super Extended Graphics Array），其分辨力为 1280×1024 个像素，适用于 21 英寸和 25 英寸显示屏，也达到了高清晰度电视的要求。

（4）UXGA 的含义是特级扩展图形阵列（Ultra Extended Graphics Array），其分辨力为 1600×1200 个像素，是目前 PC 机显示器最新和最高的标准，通常用于高级工程设计和艺术制图，一般适用于 30 英寸或以上的显示屏。

前缀 W（Wide）常用来表示加宽格式，如 WUXGA 是加宽 UXGA 格式。

投影机和电视图像显示设备的分辨力影响重显图像的精细程度。

---

① 1 英寸=25.4mm。

1.2.2 亮度

1. 亮度概念

在投影机中，亮度表征图像亮暗的程度，是指在正常显示图像质量的条件下，重显大面积明亮图像的能力。亮度的单位为 cd/m^2（坎/米），投影机屏幕表面上某一点处的亮度是该面元在给定方向的发光强度除以该面元在垂直于给定方向的平面的正投影面积之商。

对于前投影机来说，因屏幕和投影机的机体是分离的，所以屏幕具有多样性，甚至白墙、白布都可以作为屏幕；同时，它的投影距离、投影图像的屏幕尺寸可根据需要进行改变。也就是说，在所用的发光源（投影灯泡）一定的条件下（也就是光通量不变的条件下），投影图像的面积越大，显示图像的亮度越暗；投影图像尺寸越小，显示图像的亮度越亮。因此，前投影机不能用亮度表征它的发光强度，而用光输出（Luminance Output）表征它的明亮程度。对于背投影机来说，因屏幕和投影机的机体是一体的，可用亮度表征它的明亮程度。

2. 前投影机的光输出

前投影机的明亮程度用光输出表示，单位为 lm（流）。前投影机的光输出的大小与光源功率（灯泡的瓦数）有直接关系，灯泡的功率越大，则光输出越大。

在我国的 SJ/T 11346—2006《电子投影机测量方法》中规定了光输出的测量方法，即输入 100%全白场测试图，分别在投影图像如图 1-2 所示的 $P_0 \sim P_8$ 九个点上测量各自的照度值 $L_0 \sim L_8$，单位为 lx（勒）。$L_0 \sim L_8$ 的 9 个读数的平均值 L_a 再乘以投影图像的面积 S，就是该投影机的光输出 L。计算公式如下：

$$L_a = (L_0 + L_1 + L_2 + L_3 + L_4 + L_5 + L_6 + L_7 + L_8)/9$$

$$L = L_a \times S$$

测量点的范围应至少为 5×5 个像素，当被测机为 DLP 时，应尽量选择较慢的测量读数。测量结果以 lm 表示，并记录水平扫描频率、垂直扫描频率。

5

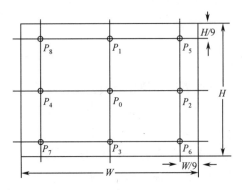

图 1-2　$P_0 \sim P_8$ 九个测量点示意图

若采用美国国家标准 IT7.228 所规定的测量方法进行测量，则所测得的光输出用 ANSI（American National Standards Institute，美国国家标准协会）流明表示。美国国家标准 IT7.228 所规定的测量方法和我国的测量方法是相同的。

3. 背投影机的有用平均亮度

用 100%全白场信号作为测试信号，在正常亮度和对比度控制位置，用亮度计在屏幕中心测量的亮度值称为有用平均亮度。在我国 SJ/T 11338—2006《数字电视液晶背投影显示器通用规范》中规定 LCD 背投影机的有用平均亮度不小于 $180 \mathrm{cd/m}^2$。

正常观看背投影机的图像时，在一定亮度的范围内，亮度值越大，显示的图像越清晰；但若亮度值超出一定的范围，再增加亮度，反而使图像清晰度下降。长时间观看高亮度图像，眼睛容易疲劳，会使青少年的视力下降，诱发其他眼睛疾病。亮度太高，不仅浪费能源，还会降低背投影光源灯泡的使用寿命，从而降低投影机的寿命。在室内观看图像时，环境光较暗，背投影电视机有用平均亮度在 $50 \sim 100 \mathrm{cd/m}^2$ 范围内观看比较适宜。

1.2.3　对比度

1. 对比度定义和测量

投影机的对比度 Cr（Contrast Ratio）是投影机在正常工作状态下，

同一屏幕上的最亮区域与最暗区域的平均照度之比，最暗区域的平均照度作为"1"。对比度越高，屏幕图像的层次越多，图像越清晰。

投影机的对比度叫法比较多，如 ANSI 对比度、通断比（Ratio of All White and All Black）等，对比度的值从几千比一到数万比一不等。这是因为采用的标准不同，测试信号、测试条件、测试环境和投影机工作条件不同，可以得到不同的对比度值。

为适应投影机的各种不同的使用环境，投影机中有许多参数是相互关联和相互制约的，如亮度、光输出、对比度、彩色、色温、工作模式、节能模式、灯泡工作时间、输入接口等，选择不同的工作状态，可得出不同的结果。因此，在我国的 SJT 11346—2006《电子投影机测量方法》和 SJT 11344—2006《数字电视液晶背投影显示器测量方法》中有如下规定：

1）投影机的光、色性能与环境光有密切关系

测量亮度、色度应在暗室中进行，杂散光照度不大于 1lx，照射到被测图像上的杂散光应小于或等于被测图像亮度的 1%。同时，应在不受来自外界电磁场干扰的室内进行。

2）投影机的调整

（1）对比度和亮度控制的调整：输入如图 1-3 所示的极限八灰度等级信号，调整被测机的对比度和亮度控制器位置，调整到显示的极限八灰度等级尽可能清晰分辨、没有纹波的极限状态。如果不能得到

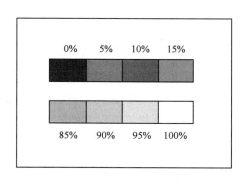

图 1-3　极限八灰度等级信号

上述状态，应调整到最佳图像质量。此时，对比度和亮度控制器的位置分别定义为正常对比度位置和正常亮度位置。

（2）饱和度、色调和色温调整：置于出厂位置或调到最佳。

3）投影机的测量

将图 1-4 所示的黑白窗口信号输入到投影机，对比度和亮度控制调整到正常工作位置，分别测量屏幕图像中黑白窗口的亮度值 L_{W0}、L_1、L_2、L_3 和 L_4。

则对比度（归一化取整数）为　　$Cr=L_{W0}/L_{B0}$

式中：L_{B0} 为 L_1、L_2、L_3 和 L_4 的平均值。

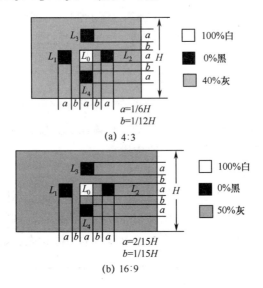

图 1-4　黑白窗口信号

投影机的对比度一般在 100:1～300:1。因人眼对对比度的分辨能力一般约为 200:1（少数视力较好的人的分辨能力可达到 250:1 以上），所以在有关标准中规定液晶背投影机和前投影机对比度的最低要求为 150:1。

2. ANSI 对比度

根据 ANSI（American National Standard Institute，美国国家标准

协会）制定的《ANSI/NAPM IT7.228—1997 音/视频系统电子投影——固定分辨力投影机》中规定的测量方法所测得的对比度、亮度。在国际上称为 ANSI 对比度或 ANSI 亮度（在投影机中称为 ANSI 照度）。

测量应在暗室里进行，暗室中仅有的光源就是投影机，来自外界的光源应小于屏幕光的 10%；在测量对比度时，被测量屏幕上显示黑色图像上的外界光应小于被测黑色图像亮度值的 1%。也就是说，如果被测黑色图像的亮度为 1cd/m²，那么来自外界的杂散光应小于 0.01cd/m²。该测量条件基本上与我国标准中规定的条件相同。测试前对投影机的亮度、对比度控制的调整方法与测量对比度的方法相同。测试信号采用如图 1-5 所示的 16 个黑白棋盘格信号。

图 1-5　16 个黑白棋盘格信号

用照度计分别测量 8 个白方格中心点的照度分别为 $L_{W1} \sim L_{W8}$，取平均值为 L_W；测量 8 个黑方格的照度分别为 $L_{B1} \sim L_{B8}$，取平均值为 L_B，则 ANSI 对比度=L_W/L_B，对 ANSI 对比度进行归一化取整数。

ANSI 对比度的测试条件和调整方法与我国标准测量对比度的方法基本相当，只是采用的测试信号不一样。用 ANSI 测量方法所测得的对比度值的误差较大，所测得的对比度值比采用我国标准测得的对比度值要小。

3. 通断比

通断比（又称 OFF/ON 对比度）是表示投影机在 100%电平最亮和 0%电平最暗时的极限能力。通断比越高，表示投影机的亮度动态范围越大。

在 SJ/T 11346《电子投影机测量方法》中，通断比的定义是，在正常工作状态下，100%全白场图像与0%全黑场图像的平均照度之比。通断比与对比度主要的差别是，测量中通断比用到100%全白场和0%全黑场两幅图像，而对比度用同一幅图像进行测量。

测量通断比时，投影机的亮度和对比度的控制调整在"正常对比度位置"和"正常亮度位置"，即投影机工作在正常条件下。

但有些企业测量投影机的通断比时，当显示屏显示100%全白场图像时，将投影机的亮度和对比度的控制调整在最大位置，测量点的亮度的平均值 L_{Wmax}；再输入全黑场信号，将投影机的亮度和对比度的控制调整在最小值置，测量如图 1-2 所示 $P_0 \sim P_8$ 九个点的亮度的平均值 L_{Bmin}。则通断比为 L_{Wmax}/L_{Bmin}，这样测试，测得的通断比值很大。

日本等国家的前投影机采用通断比表示对比度。

用通断比表示对比度要比按我国标准测量的对比度和 ANSI 对比度大得多，当投影机工作在正常条件下，一般可在 800:1～1500:1。目前在我国家电市场上或媒体宣传的投影机的对比度为 5000:1，甚至 10000:1，因这些对比度值没有给出相应的测量条件、测试环境、测试信号、测量方法和所用测量亮度计的精度等，没有具体说明这些值如何得来的，因此也就毫无实际意义了。

1.2.4 像素缺陷

投影机都是以像素的方式来显示图像的，它们的像素数都是相对固定的，如 720×576、1280×720、1366×768、1920×1080 等，每个像素点都是以 R、G、B 三个基点构成，可以显示全部的颜色，并以寻址方式显示图像，因此称为固定分辨力投影机。

像素缺陷是指投影机在正常工作状态时，显示屏幕上不能正常显示图像的像素点，一般分为亮点和暗点。亮点又称为不熄灭点，是指屏幕在黑色背景下，永不熄灭的白亮点、闪亮点和带颜色的亮点，尤其是白亮点、绿亮点、黄亮点在黑色或灰色背景下，人眼比较敏感，令人生厌。暗点是指在白色或其他颜色的背景下，显示出黑色点、灰色点。

像素缺陷规定中将显示屏幕分为 A 区和 B 区，如图 1-6 所示。图中 W 是显示屏宽度，H 是显示屏高度。

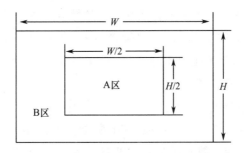

图 1-6　显示屏幕的 A 区和 B 区示意图

投影机像素缺陷要求：A 区内不发光点缺陷小于等于 2 个，（A+B）区内不发光点缺陷小于等于 8 个，在 1/9 屏高×1/9 屏宽的面积内不能出现 2 个不发光点；A 区内没有白发光点或绿发光点，红、蓝或其他色发光点小于等于 2 个，（A+B）区内不熄灭点小于等于 4 个，在 1/9 屏高×1/9 屏宽的面积内不能出现 2 个绿或白发光点。

1.2.5　图像清晰度

1. 图像清晰度概述

图像清晰度是人眼能察觉到的电视图像细节清晰程度，用电视线表示。一般从水平和垂直两个方向描述，1 电视线与垂直方向上 1 个有效扫描行的高度相对应。

我国 SDTV 规定水平和垂直图像清晰度值大于等于 450 电视线，HDTV 规定水平和垂直图像清晰度值大于等于 720 电视线。

我国 SDTV 画面的有效扫描行数为 576，HDTV 画面的有效扫描行数为 1080，观看 SDTV 和 HDTV 电视图像时，距电视屏的距离分别约为屏幕高度的 5 倍和 3 倍时，能把电视图像在垂直方向上的细节看清楚，这样的距离也是观看 SDTV 和 HDTV 图像的最佳距离。

人眼在水平方向上分辨图像细节的能力与在垂直方向上相当。我国 SDTV 系统有效扫描行数为 576，如果显示器的宽高比分别为 4:3 和 16:9，为在垂直与水平方向上同时都能看到最清晰的图像细节，则水平方向有效像素数应分别为 576×4/3=768 和 576×16/9=1024。可见目前 SDTV 在水平方向上只有 720 个有效像素的数量偏低，对于越来越多的 16:9 屏，更是偏低，而 HDTV 则不存在这个问题。这是因为 HDTV 显示器的宽高比为 16:9，与 1080 有效扫描行相当的水平方向有效像素数为 1920，HDTV 标准与此相符。

图像垂直清晰度的理论上限值为 1 帧图像的有效扫描行数，水平方向有效像素数需乘以 3/4 才能换算成电视线数。我国 SDTV 和 HDTV 系统水平方向有效像素数分别为 720 和 1920 个，若分别显示 4:3 和 16:9 图像，则分别相当于 540 和 1080 电视行，因而水平清晰度的理论上限值分别为 540 和 1080 电视线。若把图像宽高比为 4:3 的 SDTV 信号拉扁显示成 16:9 图像，则水平清晰度只有 720×9/16=405 电视线了。

2. 投影机的清晰度

表 1-1 是 SDTV 和 HDTV 投影机图像清晰度标准。

表 1-1　SDTV 和 HDTV 投影机图像清晰度标准

投影机类别		固有分辨力 LCD、DLP、LCoS 投影机	CRT 投影机	
			中　心	边　角
SDTV	水平	≥450 电视线	≥450 电视线	≥400 电视线
	垂直	≥450 电视线	≥450 电视线	≥400 电视线
HDTV	水平	≥720 电视线	≥720 电视线	≥500 电视线
	垂直	≥720 电视线	≥720 电视线	≥500 电视线

实际的投影机清晰度与输入的图像信号、信号的传输、信号电路的处理及投影机的固有分辨力等诸多因素有关。固有分辨力 LCD、DLP、LCoS 投影机的清晰度，因其各像素在水平、垂直方向的尺寸可以相同，全屏均匀分布，又以寻址方式工作，各像素可单独访问和激

励,因此当输入信号的图像分辨力与投影机芯片的固有分辨力相同时,图像信号传输处理电路最为简单,基本上能保持输入信号原有的图像清晰度,此时信号的图像分辨力和投影机芯片的固有分辨力得到充分的发挥,显示的图像清晰度可以达到图像分辨力原有的水平,甚至可以达到理论值。反之,当高分辨力的图形信号加到低固有分辨力的投影机时,则处理电路较为复杂,需要将高图像格式下变换到低图像格式,显示的清晰度最高达到投影机的图像清晰度;当低分辨力的图像信号加到高固有分辨力投影机时,则需要将低图像格式上变换到高图像格式,经过复杂的电路变换后,显示的图像的最高清晰度只能达到输入信号图像的清晰度。

在制定我国高清晰度投影机的清晰度标准时,根据我国数字高清晰度信号的图像分辨力为1920×1080,而没有1280×720p的图像信号,同时兼顾目前投影机芯片的技术水平和图像处理电路实际情况,规定我国LCD、DLP、LCoS、CRT等高清晰投影机的清晰度在水平方向和垂直方向都大于等于720电视线。其主要原因是,从信号源图像的分辨力上看,我国的数字电视HDTV的信源图像分辨力为1920×1080,清晰度的理论值为1080电视线。将720电视线作为要求达到的高清晰度值,相对我国信号源的最高清晰度1080电视线留有1/3的裕量。另外,显示的图像清晰度与视频带宽有关,我国的数字电视HDTV的视频带宽为30MHz,而720电视线相对应的视频带宽为24.75MHz,为30MHz的83%,这样给处理电路的设计也带来较大的裕量,保证批量生产的一致性;其次,为对清晰度的主观评价和测量带来方便,应减少测量误差。

CRT投影机用的CRT投影管是没有阴罩的,因此不受阴罩节距的影响,只要图像信号处理电路和激励电路较好,它所显示的图像清晰度也可达到720电视线。因采用电子束扫描,四周边缘和边角显示的清晰度比中心部分的要低。在SJ/T 11341—2006《数字电视阴极射线管背投影显示器通用规范》中规定边角清晰度在水平和垂直方向大于或等于500电视线。

1.3 投影机的主要接口

1.3.1 模拟信号接口

1. A/V 接口

常称 A/V 端子。它是由 3 个独立的 RCA 插头（RCA jack，又叫莲花插头）组成的。RCA 连接器如图 1-7 所示。其中的 V 接口连接 CVBS（Composite Video Burst Sync，复合视频信号）为黄色插口；L 接口连接左声道声音信号，为白色插口；R 接口连接右声道声音信号，为红色插口。

图 1-7 RCA 连接器

CVBS 信号还常采用 BNC（Bayonet Neill-Concelman）一种同轴电缆连接器。图 1-8 是 BNC 连接器示意图。

图 1-8 BNC 连接器

2. S 端信号接口

S 端信号接口常称为亮色分离接口、超级视频端子（super video）、S Video、S-VHS。S 端子使用专用的五芯连接线、结构独特的 4 针插头 MINI DIN（1—Y 回线；2—C 回线；3—Y；4—C。）如图 1-9 所示，由于 S 端子传输的视频信号保真度比 V 端子的更高，用 S 端子连接到的视频设备，其水平清晰度最高可达 400～480 线。

3. 分量信号接口

常称为 Y、P_B、P_R 分量色差端子。分量色差端子使用三条电缆，亮度信号 Y、色差信号 R-Y 和 B-Y，采用 RCA 连接器（Y 为绿色；P_R 为红色；P_B 为蓝色）。通过分量色差端子还原的图像水平清晰度比 S 端子更高。

4. 基色信号接口

常称为 R、G、B 三基色端子。R、G、B 三基色端子比分量色差端子效果更好。在视频播放机中将图像信号转化为独立的 R、G、B 三种基色，直接通过 R、G、B 端子输入电视机或显示器中作为显像管的激励信号。由于省去了许多转换、处理电路直接连接，可以得到比分量色差端子更高的保真度。接口采用 RCA 连接器（R 为红色；G 为绿色；B 为蓝色）。

5. VGA 接口

常称为 VGA 端子、SVGA 端子。VGA 是计算机系统中显示器的一种常用显示类型，其分辨力为 640×480，SVGA 端子分辨力可以达到 1024×768。二者都使用标准的 15 针专用插口 D-Sub-15（1—R；2—G；3—B；5—DDC 地；6—R 地；7—G 地；8—B 地；10—逻辑地；12—SDA；13—行同步；14—场同步；15—SCL。）如图 1-10 所示，只是传输的信号规格不一样。具有 VGA 输入端子的平板监视器，可以用作计算机的显示器。

图 1-9　MINI DIN

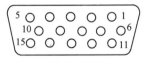

图 1-10　D-SUB-15

1.3.2　DVI 接口

1. DVI 接口

DVI（Digital Visual Interface，数字显示接口）是由 Silicon Image、

Intel、Compaq、IBM、HP、NEC、Fujitsu 等公司共同组成的 DDWG（Digital Display Working Group，数字显示工作组）推出的标准，采用 TMDS（Transition Minimized Differential Signaling，瞬变最少化差分信号）作为基本电气连接，这里瞬变是指信号从"0"变成"1"或从"1"变成"0"。瞬变最少使得电磁干扰最少。

DVI 接口常用在信源管理主机与监视器之间传送显示信息，是监视器的主要输入接口。DVI 接口中显示信息通过 3 个数据信道（DATA0～DATA2）输出，同时还有一个信道用来传送同步时钟信号。每一个信道中数据以差分信号方式传输，电源电压 V_{DD}=3.3V，输出差分电压为（150～1560）mV，输出共模电压为 V_{DD}−0.3V～V_{DD}−0.037V，输出电压的上升和下降时间为 1.9ns。由于数据接收中识别的都是差分信号，传输电缆长度对信号影响较小，可以实现较远距离的数据传输。在 DVI 标准中对接口的物理方式、电气指标、时钟方式、编码方式、传输方式、数据格式等进行了严格的定义和规范。

DVI 标准采用 D 型 24 针连接器，引脚定义见表 1-2。表中 DDC（Display Data Channel，显示数据通道）是 VESA（Video Electronics Standards Association，视频电子标准协会）定义的监视器与图形主机通信的通道，主机可以利用 DDC 通道从监视器只读存储器中获取监视器分辨力参数，根据参数调整其输出信号。DDC 通道所使用的通信协议遵循 VESA 制定的 EDID（Extended Display Identification Data，扩展显示识别数据）规范，DDC 通道是低速双向通信 I^2C 总线，这个

表 1-2 DVI 标准连接器引脚定义

1	TMDS DATA2-	9	TMDS DATA1-	17	TMDS DATA0-
2	TMDS DATA2+	10	TMDS DATA1+	18	TMDS DATA0+
3	地	11	地	19	地
4	未定义	12	未定义	20	未定义
5	未定义	13	未定义	21	未定义
6	DDC CLOCK	14	+5V DC	22	地
7	DDC DATA	15	地	23	TMDS CLOCK -
8	未定义	16	未定义	24	TMDS CLOCK +

I²C 总线接口称为 I²C 从接口；还有一个 I²C 主接口，是芯片与存储密码的 EEPROM 之间的通信接口。表 1–3 是 TMDS 通道传送的像素数据映射表，在 DE=1 的有效显示时间内 3 个通道传送像素数据；在 DE=0 的消隐期间 3 个通道传送 H_S、V_S 和自定义信号 CTL0～3。

表 1–3   TMDS 通道传送的像素数据映射表

像素数据（DE=1）	TMDS 通道	平板显示器数据
R（7～0）	2	QE（23～16），QO（23～16）
G（7～0）	1	QE（15～8），QO（15～8）
B（7～0）	0	QE（7～0），QO（7～0）
控制数据（DE=0）	TMDS 通道	平板显示器信号
CTL（3～2）	2	CTL（3～2）
CTL（1～0）	1	CTL（1～0）
H_S，V_S	0	H_S，V_S

当像素显示数据超过 3×8 位或最高像素频率超过单通道 DVI 接口传输能力（165MHz）时可采用双通道 DVI 接口。双通道 DVI 接口增加 3 个数据信道（DATA3～DATA5），仍采用 D 型 24 针连接器，引脚定义见表 1–4 中 1～7，9～24 所示。

表 1–4   DVI-I 连接器引脚定义

1	TMDS DATA2–	9	TMDS DATA1–	17	TMDS DATA0–	C1	R
2	TMDS DATA2+	10	TMDS DATA1+	18	TMDS DATA0+	C2	G
3	信道 2/4 屏蔽	11	信道 1/3 屏蔽	19	信道 0/5 屏蔽	C3	B
4	TMDS DATA4–	12	TMDS DATA3–	20	TMDS DATA5–	C4	H_S
5	TMDS DATA4+	13	TMDS DATA3+	21	TMDS DATA5+	C5	地
6	DDC CLOCK	14	+5V DC	22	CLOCK 屏蔽		
7	DDC DATA	15	地	23	TMDS CLOCK–		
8	模拟 V_S	16	热插拔检测	24	TMDS CLOCK+		

DVI 规范不仅允许传送同步信号和数字视频信号，还可传送模拟 R、G、B 信号，在某些情况下可以省去需要准备的另一条连接线。这时，DVI 连接器除了平时的 24 针连接之外，还要增加一个接地端 C5，

其四周还有 C1～C4 针脚，如图 1-11 所示。配有 C1～C5 针脚的 DVI 接口称为 DVI-I，没有这些连接的则称为 DVI-D。表 1-4 是 DVI-I 连接器引脚定义。

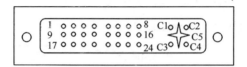

图 1-11　DVI-I 连接器示意图

DVI 具有分辨力自动识别和缩放功能。由于平板监视器大多采用数字寻址，数字输入信号激励， 逐行、逐点显示方式，不同分辨力的图像信号，都需要先将其变换到与平板监视器物理分辨力相同的状态，才能正常显示。例如一台物理分辨力为 1366×768 的液晶监视器显示格式，当输入图像格式为 1920×1080 时，必须先将其变换为 1366×768 的信号格式再进行显示；如果输入信号格式为 852×480，则需要先将其信号格式变换到 1366×768 显示格式，才能进行显示。DVI 规范能对图像信号的分辨力进行识别和准确的缩放，以满足平板监视器的显示格式，只要该平板监视器兼容 DVI 规范，就可以不用担心信号分辨力与监视器分辨力之间的差别，DVI 能以缩放方法来进行输入信号的缩放处理，使最终显示的图像能恰到好处地布满整个屏幕，并具有本显示屏最佳清晰度。

DVI 接口主要缺点有：体积大，不适用于便携式设备；只能传输数字 R、G、B 基色信号，不支持分量信号 Y、P_R、P_B 传输；不能传输数字音频信号。

DVI 发送芯片有 TI 公司的 TFP210A、TFP410A 和 TFP510A，DVI 接收芯片有 TI 公司的 TFP201A、TFP401A 和 TFP501A，Silicon Image 公司的 SiI161。

2. HDCP

DVI 支持 HDCP（High-bandwidth Digital Content Protection，宽带

18

数字内容保护）。HDCP 对 DVI 接口传送的内容进行加密，防止 DVI 接口传送的内容被复制或非法使用。数据的加密在 DVI 发送的输入端进行，数据的解密在 DVI 接收的输出端进行，如图 1-12 所示。所以 DVI 链路的带宽不受 HDCP 影响。

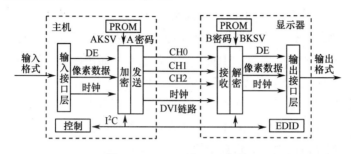

图 1-12　HDCP 与 DVI 链路

HDCP 能保护知识产权，得到好莱坞演播室、卫星电视节目供应商、有线电视节目供应商的广泛支持。

HDCP 的基本原理是首先给接收设备授权，并提供一个密钥，用来打开传送来的保密盒，盒内装有需要保护的数字信号内容。如果接收设备没有被授权，就无法打开装有需要保护的数字信号内容。这样一来，不支持 HDCP 协议的监视器无法正常播放有版权保护的高清晰度电视节目，有版权保护的高清晰度电视节目只能在被授权的、支持 HDCP 协议的设备上正常播放。未被授权的、不支持 HDCP 协议的设备上，只能看到黑屏显示或低画质显示，清晰度只有正常显示的 1/4，失去高清晰度电视节目的价值。

在计算机平台上受到 HDCP 技术保护的数据内容输出时，先由操作系统中的 COPP 驱动（认证输出保护协议）首先验证显卡，只有合法的显卡才能实现内容输出，随后要认证显示设备的密钥，只有符合 HDCP 要求的设备才可以最终显示显卡传送来的内容。HDCP 传输过程中，发送端和接收端都存储一个可用密钥集，这些密钥都是秘密存储，发送端和接收端都根据密钥进行加密解密运算，这样的运算中还要加入一个特别值 KSV（Key Selection Vector，密钥选择矢量）。同时

HDCP 的每个设备会有一个唯一的 KSV 序列号，发送端和接收端的密码处理单元会核对对方的 KSV 值，以确保连接是合法的。HDCP 的加密过程会对每个像素进行处理，使得画面变得毫无规律、无法识别，只有确认同步后的发送端和接收端才可能进行逆向处理，完成数据的还原。在解密过程中，HDCP 系统会每 2s 进行一次连接确认，同时每 128 帧画面进行一次发送端和接收端同步识别，确保连接的同步。为了应对密钥泄漏的情况，HDCP 特别建立了"撤销密钥"机制。每个设备的密钥集 KSV 值都是唯一的，HDCP 系统会在收到 KSV 值后，在撤销列表中进行比较和查找，出现在撤销列表中的 KSV 将被认作非法，导致认证过程的失败。这里的撤销密钥列表将包含在 HDCP 对应的多媒体数据中，并将自动更新。

可见要想在计算机和数字电视接收机上播放有版权保护的高清节目，不论是高清晰度电视（HDTV）节目、蓝光 DVD，还是 HDDVD 碟片，都要求显示器和显卡支持 HDCP 协议。由于高清晰度电视节目会逐渐普及，为防止盗版，保护节目制作者的合法利益，HDCP 的大量应用已成定局，因此支持 HDCP 协议的显示设备也会越来越多。当然，HDCP 不是开放标准，必须交纳版权费及专利费才可使用，即嵌入 HDCP 并通过认证都是要花成本的。

要支持 HDCP 协议，必须使用 DVI、HDMI 等数字视频接口，传统的 VGA、RGB 等模拟信号接口无法支持 HDCP 协议。当使用 VGA、RGB 等模拟信号接口时，画面就会下降为低画质，或者提示无法播放，从而也会失去高清晰度电视节目的意义。通常在 HDMI 接口内都嵌入了 HDCP 协议，即有 HDMI 接口的显示器都支持 HDCP 协议。但并不是带 DVI 接口的显示器都支持 HDCP 协议，必须经过相应的硬件芯片，通过认证的带 DVI 接口的显示器才支持 HDCP 协议。

1.3.3　HDMI 接口

当用 DVI 接口连接主机和平板监视器，通常传送 24 位 R、G、B 数据，用 DVI 接口连接高分辨力的消费类产品时，常常要传送数字分量数据 Y、U、V，这种 DVI 接口通常称为 DVI-HDTV，DVI-HDTV 也支持 HDCP。

HDMI（High Definition Multimedia Interface，高清晰度多媒体接口）是在 DVI 接口基础上发展起来的用于消费类产品的新的数字显示接口，得到 Silicon Image、日立、英特尔、松下、飞利浦、索尼、汤姆逊、东芝等厂商支持，也得到 20 世纪福克斯、华纳兄弟等影片公司的支持，DVI 接口只传送图像信息（视频信号，同步信号），HDMI 增加了传送多声道压缩或未压缩的数字音频信号的能力，增加了传送基本的控制数据。HDMI 可以传输杜比数码等经过压缩的多声道数字音频信号，也可以传输未经压缩的数字音频信号。HDMI 支持 8 个未经压缩的数字音频声道，量化精度可达 24 位，采样频率高达 192kHz。这些性能指标在进行高清晰度视频节目传送时也能达到。HDMI 是利用视频信号的消隐期间进行音频数据传输的，因此不会占用可用视频传输带宽。

HDMI 可支持的计算机显示格式有 SXGA1280×1024/85Hz 和 UXGA1600×1200/60Hz。HDMI 可支持的数字电视显示格式有 480i、480p、576i、576p；720p、1080i、1080p。HDMI 可支持的数字音频格式有：CD，16 位 32kHz、44.1kHz、48kHz；DVD，8 声道数字音频。

对于控制数据的传输，HDMI 利用一条双向数据总线，将处在一条通路上的所有符合 HDMI 规范的设备连接起来，遵循消费电子产品控制协议（Consumer Electronics Control，CEC）。

作为一个消费类产品接口，HDMI 采用比 DVI 更小的连接器，图 1-13 是 HDMI 连接器外形与尺寸。除了支持 DVI-HDTV 外，HDMI

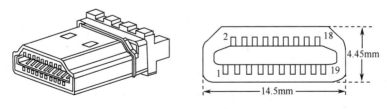

图 1-13　HDMI 连接器

还支持高分辨力数字分量格式，支持 HDCP。DVI 接口推荐的最大传送距离为 8m，HDMI 接口因为改进了芯片和连接器，最大传送距离超过 15m。表 1-5 是 HDMI 连接器引脚定义。

表 1-5　HDMI 连接器引脚定义

1	TMDS DATA2+	8	TMDS DATA0 屏蔽层	15	SCL
2	TMDS DATA2 屏蔽层	9	TMDS DATA0−	16	SDA
3	TMDS DATA2−	10	TMDS 时钟+	17	DDC/CEC 地
4	TMDS DATA1+	11	TMDS 时钟屏蔽层	18	+5V 电源
5	TMDS DATA1 屏蔽层	12	TMDS 时钟−	19	Hot Plug Detect
6	TMDS DATA1−	13	CEC		
7	TMDS DATA0+	14	保留		

HDMI 与 DVI 后向兼容，HDMI 产品与 DVI 产品能够用简单的无源适配器连接在一起，当然会失去 HDMI 产品传送多声道音频和控制数据的新功能。

HDMI1.3 版将其单连接带宽提高到 340MHz（10.2Gbit/s），支持 30 位、36 位、48 位的 R、G、B 基色信号和 Y、P_R、P_B 色差信号的量化精度用于数字电视中心节目的交换；新增了对"xvYCC"彩色标准（IEC61996-2-4）的支持；加入了自动音、视频同步功能。

HDMI 1.4 版数据线将增加一条数据通道，支持高速双向通信，允许两个 HDMI 设备之间共享数据；音频回授通道（Audio Return Channel）能让高清电视通过 HDMI 线把音频直接传送到 A/V 功放机上；3D 支持（3D Support）支持双通道 1080p 分辨力的视频流；支持 Micro HDMI 微型接口，外形足足小了一半，但其功能特性与标准大小的 HDMI 无异。

2010 年 3 月发行的 HDMI1.4a 版本又规定了多种 3D 视频格式，不降低分辨力的格式有帧包装（Frame Packing）、场交替（Field Alternative）、行交替（Line Alternative）、全分辨力的左右格式（Side by Side Full）等，进行下转换（下取样）的半分辨力的格式有半分辨力的左右格式（Side by Side Half）、上下（Top and Bottom）格式等。下取样方式也增加了梅花形下取样（Quincunx Sub-sampling）的取样方法。支持左视加深度（L+depth）、左视加深度加图形加图形深度（L+depth+Graphics+Graphics-depth）的数据形式。

Silicon Image 公司有专用的 HDMI 发送芯片 Sil9030 和 HDMI 接收芯片 Sil9031、Sil9021。飞利浦公司有 HDMI 接收芯片 TDA9975A。NXP 公司有 4 输入 HDMI 1.4a 接收器 TDA19978A。

1.3.4　DP 接口

DP 接口（Display Port，又称显示器接口）标准为开放式标准，功能强大，兼容性好，免费使用。如用 HDCP 进行内容保护，则要根据有关内容保护的规定收取费用，费用与 HDCP 的相当。

DP 传输接口标准的主要有以下特点：

（1）抗干扰能力较强。DP 接口采用交流耦合的差分信号传输方式，对共模干涉信号有较高的共模干扰抑制比，同时传输信号时的控制信息在每帧的垂直消隐期间都会发送一次。当 2 条或 4 条线同时传输时，每条线上的控制信息在时间上是错开的，其中 M 值每次传送 4 次，可以通过检查 M 值来判断信息是否遭到破坏，再通过舍弃被破坏的信息来提高信号传输的准确性。

（2）数据传输路径较长，符合 DP1.0 版标准的器件可传输 15m 长的距离。

（3）支持较高分辨力，由于它是一种比较灵活的协议，只要不超过信号通道带宽，就可以传输更高的分辨力。在 4 条线传输时，数据带宽可达 10.8GHz。

（4）支持双向数据传输。DP 的数据通道由主通道和辅助通道组成，主通道是高速单向的数据总线，辅助通道是高速双向传输线。

（5）支持热插拔。

（6）应用范围广泛，可以应用于外部连接和内部连接的各种场合，例如电视机顶盒与显示器的连接，计算机与监视器的连接，电视机顶盒内部连接和笔记本式计算机主板与面板连接等。

DP 接口有两种接口插座。第一种外部接口接头引脚数为 20 位，标准型外形类似于 USB、HDMI 接口；低矮型主要针对连接面积有限的场合应用，例如超薄笔记本式计算机。第二种内部用接口接头引脚数为 26 个，仅有 26.3mm 宽、1.1mm 高，体积小，传输速率高。

DP 接口由主通道、辅助通道及热插拔检测（HPD，Hot Plug Detect）组成，主通道是单向、高带宽和低延迟通道，用于传输同步流，如非压缩音、视频数据流；辅助通道是半双工、双向通道，用于连接管理和设备控制。热插拔检测线接收来自接收设备中的中断请求。另外，用于盒与盒之间的 DP 外部连接头有一个电源管脚，可供 DP 中断设备或 DP 到传统接口的转换器使用。

（1）主通道：主通道由 1 个、2 个或 4 个通信线对（Lane，交流耦合双终端差分线对，AC-Coupled，Doubly-terminated Differential Pair）构成。交流耦合特性允许 DP 发送端与接收端用不同的通用模式电压。这使 DP 在支持 0.35μm CMOS 处理流程的同时（目前仍通用于 LCD 面板的时序控制器），也易于采用更高级的硅工艺（如 65nmCMOS 处理流程）。

线对支持 2 种传输速率：2.7Gbit/s 或 1.62Gbit/s。具体使用哪种传输速率，取决于发送与接收设备的能力及通信信道的质量。

主通道的线对数可以是 1 对、2 对或 4 对。所有线对均传送数据，没有专用的时钟通道，根据数据流的编码特性，时钟信息可以从数据流中直接读出。

发送设备和接收设备可以根据它们的需要选择激活最少的线对数。支持 2 线对的设备必须同时支持 1 线对和 2 线对，同样支持 4 线对的设备必须同时支持 1 线对、2 线对和 4 线对。可由终端用户插拔的外部电缆要求支持 4 线对，以保证发送设备和接收设备的互操作性。当激活的线对数少于 4 对时，必须首先使用数字较小的线对（由 0 号线对开始）。

（2）辅助通道：辅助通道由一个交流耦合双终端差分对组成。通道编码使用 Menchester II 编码方法。与主通道一样，时钟信息由数据

24

流中解出。

辅助通道是半双工双向通道，源设备为主设备，接收设备为从设备，所有辅助通道上的会话都是由源设备发起。虽然如此，接收设备仍然能通过在热插拔检测线上发送中断请求，来提示源设备开始一次对话。这种中断请求特性使得 DP 接口易于支持 CEA-931-B 标准中定义的远程控制命令。

辅助通道提供 1Mbit/s 的数据传输率，每次会话的时间不得超过500ms，最大突发数据包不得大于 16 字节，以免一个辅助通道应用阻塞其他应用。辅助通道会话的语法定义使得它可以无缝转换到 I^2C 会话语法。

DP 版本 1.2 传输速度升级到单线对 5.4Gb/s，四线对达到 21.6Gb/s，可以传输分辨力为 3840×2160 四倍超高清的视频，同时也可以传输 3D 数字信号。版本支持多台显示器同时输出，包括同时传输 2 组分辨力为 2560×1600 的显示信号，或者 4 组分辨力为 1920×1200 的显示信号，其辅助通道也实现高速化，支持 USB 数据和耳麦数据传输。此外版本提供了与之相应的 mini DP1.2 插头座。

iPad 使用 2 Lanes DP 接口，可做到 1080p Full HD 输出，iPhone 提供 1 Lane DP 接口，支持 720p HD 分辨力的屏幕输出信号。要外接大屏幕时，大多数电视/显示器仅支持 HDMI，因此苹果针对 iPad/iPhone 推出 Digital AV Adapter，也就是 1 个可插在其 30pin 专属接头，由连接线接到显示器 HDMI 接头的 DP 转 HDMI 配接器（Dongle）。

1.3.5 USB 接口

USB（Universal Serial BUS，通用串行总线，简称通串线）是一个外部总线标准，用于规范计算机与外部设备的连接和通信。

USB1.1 的理论传输速率为 12Mb/s（1.5MB/s），USB2.0 的是480Mb/s（60MB/s），而最新推出的 USB3.0 则高达 5Gb/s（625MB/s），与 HDMI 接口相当，满足高清视频传输的需要。

标准的 USB 插头有两种：长方形的 A 型，缺两个角的方形的 B

型。除此之外，还有更小的 Mini-USB 插头。无论哪种插头，里而都有四条连接线：+5V、数据信号负极、数据信号正极和接地。

USB 接口在计算机上非常普及，用户的接受程度也很高，投影机的 USB 连接输出自然深受欢迎。USB 接口是种综合接口，既可以传输视频、音频，也可以轻松实现鼠标控制功能。使用 USB 接口还可以实现即插即投，无需切换投影机的输入信号源。

1. USB 连线投影

从技术上来看，多数 USB 视频连接技术基于由 DisplayLink 公司研发的 DisplayLink 技术，该技术允许使用者通过 USB 接口直接连接投影机传输视频信号。在具体应用中，用户只需要在计算机上安装 DisplayLink 驱动，负责 GPU（Graphic Processing Unit，图形处理器）与 CPU 之间的信号转换和自动调制；DisplayLink 可通过自适应压缩技术，自动根据 CPU 和 USB 带宽的情况压缩视频内容；压缩的数据包通过 USB 电缆快速传送到 DisplayLink 设备上，让用户几乎感觉不到延迟；如果高速 DisplayLink 芯片嵌入显示设备或适配器上，则可以直接传送视频或图形数据。应用了该技术的投影机可以非常简单、方便地连接到计算机。该技术允许用户用 USB 虚拟遥控器直接控制投影机，用户还可以利用 USB 接口连接多台投影机组成投影幕墙，实现超大画面输出。

2. 用 USB 接口，存储卡插槽实现无 PC 机投影

有的投影机上的 USB 接口可以实现无 PC 机投影，把 U 盘、MP3 播放器、数码相机等 USB 设备中储存的图片、电影、声音等直接播放出来。这样的机器住住还会配置 SD（Secure Digital Memory Card，安全数码记忆卡），CF（Compact Flash）等常见的存储卡插槽，可以直接播放存储卡中的内容。由于技术的限制，无 PC 投影对图片、电影、音乐等的文件格式会有限制，例如 EPSON 的 EB-C1915、EB-C1925W 只能播放 JPEG 格式的图片，而对于最常用的 PowerPoint 演示文稿则需要用专用的软件进行格式转换，转换成 PowerPoint Converted Scenario

文件后才能播放。虽然有限制，但是脱离计算机，只用一张存储卡或者一个 U 盘，加上一台投影机就可以投影，这对于那些要经常携带笔记本式计算机和便携式投影机出差的用户，无疑是最大的福音。

1.3.6　网络接口

1.　网络监控

标称是"教育专用"的投影机，往往会配置一个 RJ45 以太网络接口，通过局域网或者互联网可以对投影机进行监测和控制。用户可以为每台投影机设置 IP 地址，可以通过网页浏览器监测投影机状态和更改设置；投影机也可以用电子邮件的方式报告灯泡和风扇的使用状态，用户可以随时随地了解投影机情况，更能及时获知出错故障信息；投影机上的网络接口一般会遵循 SNMP（Simple Network Management Protocol，简单网络管理协议），也会符合 PJLink 的监控统标准，可以对多台不同的投影机进行中央控制和集中管理，这样学校内的管理人员就可以在计算机屏幕前对几十台、几百台投影机进行监控和管理了。

PJLink 是由 JBMIA（Japan Business Machine and Information System Industries Association，日本商业机器和信息系统工业协会）制定的，是操作和控制数据投影机的统一标准，用来保证不同厂商生产的投影机的中央控制器遵循统一的接口和协议，能被一个控制器来集中管理。

2.　网络投影

网络投影就是利用有线或者无线网络来把计算机上的图像和声音传输至投影机投射出来。

为了控制成本，有的投影机配置了有线网络接口，有的投影机配置了无线网络接口。但两者可以方便地进行转换。例如，EPSON 的 EB-C1910、EB-C1830 投影机可以通过加配无线路由器，将有线网络投影升级为无线网络投影。EPSON 的 EMP-1715 投影机，在不能或不宜使用无线连接的情况下，可以通过加装一个以太网卡将无线连接方式转换成有线连接。

无线网络投影机可以使投影摆脱线缆的束缚，部署更加便捷，使用更加灵活，而且可以衍生出些新的应用模式。

（1）一对多模式：即一台计算机连接多台投影机。例如，EPSON 的 EB-C1910、C-1830 投影机，使用网络连接方式，一台计算机可以同时控制四台投影机，并可同时投射出四个相同或者不同的画面，或者横向拼接成宽屏图像，满足用户的特殊应用。

（2）多对一模式：即多台计算机连接一台投影机，可以随意切换来自不同计算机的图像投射到屏幕上。Panasonic 的 PT-BW10NT 投影机，可以工作在多现场模式下。其中的四窗口模式可以把四台计算机的图像同时投射到屏幕上；扩展索引模式可以把多达 16 台计算机的图像同时投射到屏幕上；索引模式可以投射出 1 个主屏图像和 4 个副屏图像。

松下公司的该款投影机，可以实现选择性区域传输，通过切换显示图像各区域，可以指定需要放大的内容并将该区域显示于投影屏幕上。该款机器还设计了一个模拟遥控器，遥控器图标显示在计算机屏幕上，坐在计算机前面就可以轻松地操作投影机，而且在真的遥控器丢失损坏后也不用着急了。

为了解决无线连接设置复杂的问题，有的产品也进行了贴心的设计，一切为用户考虑。EPSON 的 EB-C1915、EB-C1925W 两款投影机，就可以选配一个类似 U 盘的 Quick Wireless Connection Key（快速无线连接钥匙），先将其插入投影机，然后拔出再插入 PC，即完成了无线连接的全部设置，投影机会在几秒后自动识别 PC 信息开始投放。

当把具有网络功能的投影机接入到 Internet 时，可以在相距甚远的不同会议室之间进行投影画面共享。例如，Sony 的 VPL-CX125/155/CW125 等机型就为远程会议等应用提供了支持。

Windows Vista 操作系统中的"附件"中有一个"Connect to a Network Projector Wizard，网络投影机连接向导"，运用这向导，可以搜索到网络上的投影机，在建立起网络投影演示后，会出现个"Network Presentation Dialog Box，网络演示对话框"，提供 Pause/Resume，Disconnect 等按钮，供用户来操作。将网络投影机应用软件集成到操作系统中，极大地方便了用户，很利于网络投影技术的推广。

思考题和习题

1-1　调制型投影显示系统通常由哪些部分组成？

1-2　数码摄像机、数码相机和手机的像素与投影机或彩色电视的像素有什么不同？

1-3　什么是ANSI对比度？其值比我国标准测得的对比度值大还是小？

1-4　什么是通断比？其值比我国标准测得的对比度值和ANSI对比度值大还是小？

1-5　常用的模拟信号接口有哪些？

1-6　A/V端子的黄色、白色、红色插口各应连接什么信号？

1-7　DVI-I接口比DVI-D接口多了哪些信号？

1-8　HDMI接口的几种新版本各有什么特点？

1-9　DP接口（2 Lanes）表示什么意思？

1-10　什么是网络投影？

第2章 光源及其附件

2.1 光　源

常用的光源有超高压水银灯（Ultra High Pressure Mercury Lamp，UHP）、金属卤化物灯（Metal-halide Lamp）、氙灯（Xenon Lamp）以及卤素灯（Tungsten-Halogen Lamp）四种，统称为高亮度放电灯（High Intensity Discharge，HID），其中前三种是利用放电发光的灯，根据投影仪对光源的要求为短弧灯。卤素灯是利用热发光的光源，灯丝小型化的卤素灯也可以用做光学仪器的光源。氙灯和超高压水银灯的紫外光偏高，而金属卤素灯在人眼最高视觉灵敏度波长 555nm 处的光功率偏低。超高压水银灯是现在小型及通用投影仪光源的主流。氙灯是大输出的大型投影仪所必需的光源。金属卤化物灯比较廉价，具有中等输出光源的特征；卤素灯光源的特点是小输出、廉价。后两种灯在投影仪发展初期为主流光源，现在用于非常廉价的液晶投影仪光源。

LED（Light Emitting Diode，发光二极管）是一种很有潜力的光源，目前主要用于微型投影。OLED（Organic Light Emitting Diode，有机发光二极管）光源因其具有平面面光源、易于大面积制备、制备成本低等优势，成为近年来的研究热点，并已经应用于小尺寸光源。但 OLED 光源仍需不断提高其发光效率、稳定性和均匀性。激光作为投影机光源的投影技术也在快速发展，并且也有了性能很好的样机。这三种光源与上面的 4 种灯光源相比，红外、紫外辐射量低，色域面积较大，寿命长，逐步成为投影机的新光源。表 2-1 是光源性能比较表。

表 2-1 光源性能比较表

光源	效率/ （lm/W）	色温/K	寿命/h	弧长/mm	增亮 时间	主要用途
UHP	60 （100～150W）	7000～8500	5000～15000	1～1.2 （100～150W）	短	100W 级低功耗 投影仪
金属 卤化 物灯	60～140 （80～400W）	4000	2000～20000	1.2～3.5 （50～250W）	长	200W 以上的 高亮度投影仪
氙灯	25～40 （150～7kW）	6500	1000～2000	1（7kW）	长	大型高功率商务 投影仪 （尤其是 DMD 用）
卤 素 灯	20～30 （150～500W）	3000～3500	25～2000	近似点光源	短	小型投影仪
LED	R：20～30 G：30～40 B：10～15 W：20～30	617nm 516nm 460nm 2500～5000	10000	近似点光源	极短	微型、小型投影仪
OLED	20～30	2300～7900	10^5	平面光源	短	液晶电视机和显示器
LD	300		10^5	点光源	短	混合光源投影仪

2.1.1 UHP 灯

1. UHP 灯结构

UHP 灯结构如图 2-1 所示。用纯钨材料制作的两个电极被密封在热膨胀系数极小的石英玻璃壳内，石英发光管内有汞、少量金属卤化物和稀有气体氙。

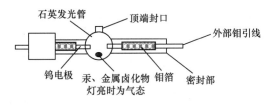

图 2-1 UHP 灯结构示意图

平时，UHP 灯管中的电极之间处于绝缘状态，阻抗无穷大。当约 20kV 的高压脉冲加到灯的电极上时，氩气放电使管内温度快速升高到 900℃以上，汞蒸发变成汞蒸气，汞蒸气的气压可达 20MPa（相当于标准大气压 200 倍的超高压状态）。在此条件下，汞蒸气放电的光谱是在紫外线到可见光范围内，稀薄的汞蒸气放电光谱是几条极窄的明线光谱。在高压、超高压状态下的汞蒸气放电时，汞明线光谱会展宽为相对应的连续光谱，而且汞蒸气气压越高可见光部分越丰富，红光的含量越高，光源的发光效能也越高，这也就是 UHP 灯管内的汞蒸气气压为什么要达到 20MPa 的原因。汞蒸气放电后，金属卤化物蒸发，在约 6000K 的电弧中心电离并发出金属元素所固有的光谱。由于金属原子在发光时要吸收一部分能量，所以汞的光谱会相对减弱。电离后的金属和卤素原子在接近发光管管壁的低温区再度结合成金属卤化物，如此循环往复，保证了灯管能持续稳定地工作。UHP 灯的光源相关色温约为 8500K。

UHP 灯的工作条件极为严酷，以 150W 灯为例，其启动电压为 20kV，启动电流达数十安培。灯刚点燃时电压只有约 10V，而灯电流高达 4A。灯的正常工作电压为 60V，灯的正常工作电流为 2.5A。玻壳温度很高，灯内蒸气的气压可达 20MPa（相当于标准大气压 200 倍的超高压状态）。正因如此，UHP 灯的生产制造难度较大。

UHP 灯的发光效率为 50lm/W，约为钨丝灯发光效率的 4 倍。

UHP 灯在稳定点亮的时候，水银蒸气压是 150～250atm[①]的超高压，弧长为 1～2mm 的极短弧。普通高压水银灯放电时，红光光谱发光不充分，随着水银蒸气压的增大，发光的光谱也增大，水银蒸气压达到 150atm 时，红光达到可以应用的比例，可以用作投影仪光源。当水银蒸气压为 150atm 的时候，全管壁的温度大约在 860℃，要达到 200atm 温度在 920℃以上。

100W 的超高压水银灯可以有 5000h 以上的寿命，而额定功率为

---

① 1atm=101325Pa。

150W 以上的灯管寿命是 2000h 左右。弧轴垂直点燃的灯管管壁温度比较均匀，管壁不易起白浊，有良好的寿命特性。输入功率为 200W 的直流点燃灯管也能有 5000h 以上的寿命。目前 UHP 灯一般标称寿命 6000h，最长的甚至标称 12000h。

2. UHP 灯的抗闪烁

UHP 灯因超短电弧、超高亮度和良好光谱已迅速成为投影显示系统广泛应用的光源。作为一种短弧气体放电灯，存在着电弧的不稳定性，导致显示屏幕上亮度闪烁。改进电极设计虽然能够在寿命早期较好地保持电弧稳定，但不能在整个寿命期间保持电弧稳定，需要寻找更好的系统解决方案。

光学积分器将 UHP 灯发出的光分成许多支光束，然后在显示器件上叠加，使局部的光变化转变成整体的平均变化，不仅能获得均匀的光分布，还能掩盖电弧不稳定带来的光变化。两种典型的光学积分器是复眼透镜阵列积分器和光棒积分器。按理，有足够多的透镜或足够长的光棒，就能够获得均匀照明，但实际上受透镜阵列加工工艺和系统紧凑空间的限制，利用光学系统解决方案来掩盖电弧不稳定产生的光变化是很有限的，尤其是对于超过 100μm 的大电弧跳动更无法解决。例如在透镜阵列中，电弧跳动会导致电弧成像落在透镜光阑外，从而产生亮度变化。

飞利浦公司找到了能稳定电弧而不影响灯性能的解决办法，已广泛运用于投影系统中。该解决方案是在飞利浦的新 UHP-STM 系统中，采用如图 2-2 所示的脉冲电流波形，在交流电压换向前将额外的热量注入阳极，保证其变成阴极时电极足够热，从而获得稳定的电弧位置，使电弧在整个寿命期间稳定地附着在电极上。这种解决方案使电弧不

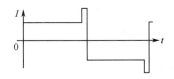

图 2-2　UHP 灯的抗闪烁脉冲电流波形

稳定性降低了 1000 倍。

电流脉冲的方法在整个寿命期间都能保障电弧的稳定性，当然为了达到这个目的，对脉冲的能量有一定的要求，不仅要考虑点灯寿命期间灯电压升高导致灯电流变小的影响，而且要考虑灯工作频率不一样造成的对脉冲能量的差别，因此对脉冲的宽度、高度及与灯工作频率的关系给出了明确的定义。目前针对不同功率的固定脉冲高度，一般采用 6%的脉冲宽度。工作频率提高可以采用低一些的脉冲能量。

3. UHP 灯的型号

UHP 灯的型号是各个厂家指定的，表 2-2 是主要厂家的 UHP 灯的型号。

表 2-2　UHP 灯的型号

型　　号	品　　牌	厂　　商
UHP	PHILIPS	荷兰飞利浦
UHE	Epson	日本爱普生
VIP	OSRAM	德国欧司朗
SHP	PHOENIX	日本凤凰
UMPRD、UMVRD、NSHA	USHIO	日本优志旺
SHL	GE	美国通用电气

2.1.2　金属卤化物灯

1. 石英金属卤化物灯（Quartz Metal Halide）

金属卤化物灯也是利用放电发光的原理制成的灯。在发光泡中封入 Dy（镝）-Na-Cs（铯）-Hg 或 Dy-Sn-In-Ti-Hg 等物质，当灯电极加上 15~20kV 的脉冲电压时，灯管内的物质发生电离发光。它的发光效率高，色温约为 4000K，色彩较好，价格便宜。产品系列中功率有 175W、250W、400W、1000W、1500W 等，图 2-3 是双管金属卤化物灯示意图。

一般照明用的金属卤化物灯的水银蒸气压是几个大气压，水银蒸气有绝热效果，可以提高灯的效率。投影仪使用的金属卤化物灯的水

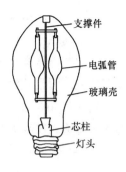

图 2-3　双管金属卤化物灯示意图

银蒸气压是数十个大气压，金属卤化物的原子光谱或分子光谱与水银原子光谱组合而得到发光。

金属卤化物灯的效率与寿命是很强的逆相关关系，根据灯的设计，效率会发生变化。标准弧长为 5mm 的金属卤化物灯可得到 80lm/W 的效率，弧长为 3mm 时效率为 70lm/W，弧长为 2mm 时效率则为 65lm/W 左右。与交流灯比较，直流灯的效率要低一些。

若设计重点放在屏幕的光通量上，金属卤化物灯的寿命多为 1500～2000h；如果牺牲屏幕的光通量，可以设计达到 5000h 的寿命。

石英金卤灯按照引用标准和使用镇流线路的不同，分为欧标金卤灯和美标金卤灯。GB 中引入的是钪钠系列金卤灯，也即美标金卤灯，是目前在北美和我国普遍使用的金卤灯，特点是光效较高和寿命较长，在结构上的主要特点是放电管采用辅助触发电极，也称引燃极，其重点推荐的点灯线路为 LC 顶峰超前式电路，这种电路中配有漏磁升压镇流器及工作电容器，也称 CWA 型（Constant Wattage Auto-transfomer，恒功率自耦变压器），灯工作不用触发器而借助镇流器的高开路电压和灯的触发电极作用，使灯启动工作。在电源电压波动较大的情况下有利于灯工作参数的稳定，确保灯良好的光通维持率及长寿命，但 CWA 体积大、功耗高、温升高、漆包线与矽钢片等原材料耗费多而极其笨重，不利于灯具一体化设计和进一步推广。

欧标金卤灯是带脉冲触发器的滞后电感镇流器系统，也是一种常见的点灯方式，特别是在电网电压大于 200V 的国家和地区（如欧洲），它具有镇流器体积小、价格低、功耗低、温升低、新灯自熄故障率较低和应用方便等特点，但其高脉冲电压容易对内管主辅极和双金属片造成伤害和击穿放电，毁坏灯泡；而且其对灯功率调整率较差。小功率灯均采用这种工作电路，175～1500W 在 ANSI 和 GB 中的滞后式镇流器系统相应数据内容均标明待定。在我国实际应用中长期以来以上两种配套方式一直并存，两者各有优缺点。

2. 陶瓷金属卤化物灯（Ceramic Metal Halide）

通过选择合适的金属卤化物并使电弧维持在较高温度，可以使金属卤化物灯获得较高的效率及显色性，但电弧管因此承受更多的热负载从而缩短寿命，在金属卤化物灯中，效率和显色性与寿命是矛盾的。石英金属卤化物灯由于石英材料特性的限制，其耐受的最高工作温度为 1000℃左右，这限制了灯性能的提高。透明陶瓷材料多晶氧化铝（PCA，Polycrystalline Alumina）的耐受温度可以达到 1200℃以上，并且陶瓷材料有许多石英材料不具备的优点，所以使用 PCA 作为电弧管泡壳的金属卤化物灯将具有更加优异的性能。

国际上的金属卤化物灯逐步向陶瓷金属卤化物灯发展，国外主要的大光源公司已经进行了 20 年的研究，目前陶瓷金属卤化物灯产品已经系列化，并批量生产投放市场，产品功率从 20W 到 400W。我国陶瓷金属卤化物灯研究及生产起步较晚，目前也有一些产品问世，但主要依靠进口陶瓷金属卤化物灯电弧管进行小批量整灯装配销售，与国际上先进水平相比，还有较大的差距。

2.1.3　氙灯

金属陶瓷氙灯是一种利用氙气超高压放电发光原理工作的光源。在灯管中封入氙气，启动电压为 30kV。从色温和光谱特性方面看，氙灯色温为 6500K，与日光的平均色温十分接近，是 PAL 制彩色电视白光标准光源。氙灯的光输出光谱特性十分优异，其明线光谱在高气压下得到拓展，几乎包含可见光谱中的所有颜色，而且色温非常稳定，从新灯启用到其亮度半衰期内灯的光谱特性不会变化。现在大量使用的摄影用氙闪光灯正是利用其高彩色再现性。作为投影机的外光源，氙灯是投影机取得最接近自然色彩重现图像的首选，为投影机图像色平衡、色饱和度和色域覆盖率指标提供了最佳保证。

投影机的几种可选光源中，除氙灯外，其他灯的色温均不够理想，如金属卤化物灯 4000K，超高压汞灯 8000K，而且光谱输出中带有尖峰，若要达到类似氙灯的光谱特性需要对光输出做额外的调整。通常是采用色温过滤的方法校正色温，但此项过滤操作的代价是使光源的光利用效率有明显下降。

氙灯的另一个重要特点是具有可以随时开关的优点。通常 UHP 灯启动时需要大约 2min 预热时间，在此预热期间光输出量及光谱特性漂移很明显，UHP 所显示图像的亮度和色度品质很差，需由整机以延迟电路保持黑屏。UHP 灯熄灭后不能马上重启，需要由整机以风扇延迟电路保持充分冷却，再次启动 UHP 灯时间间隔较长。氙灯从开启到投射优质图像所需的预热时间小于 60s，并且可以在关闭后马上再次启动。

氙灯内部高压惰性气体压强可达 2×10^6Pa，氙灯的电弧形状从阴极到阳极成反射状圆锥体，整个电弧的亮度分布很不均匀，在横截面上的分布是中心对称的，几何中心处的亮度与电极之间的距离有关。氙灯效率较低，为 30～40lm/W，且灯管电压低，电流大，所以灯管及点燃电路的价格颇高，适用于固定安装用的高品质、大输出投影仪的光源。高档的前投影机（包括数字电影放映机）常采用金属陶瓷氙灯。金属陶瓷氙灯的功率范围是 250W～10kW。

2.1.4　卤素灯

卤素灯的结构与白炽钨丝灯泡相同，只是在灯内充入高压惰性气体和少量卤素，高压气体可以抑制钨的蒸发，使钨丝的工作温度从 2400K 提升到 3000K 左右，在可见光波段的光强度会增强。当钨丝受热蒸发时，与惰性气体会形成热对流，蒸发出来的钨原子与气体发生碰撞而回到钨丝表面，形成卤素循环（Halogen Cycle），不会使蒸发的钨沉积在灯壁上，因此可以提高灯泡寿命。卤素灯不需要复杂的点燃电路，是小型轻量的光源。缺点是效率低、亮度低、寿命短等。

2.1.5 LED 光源

1. LED 的优点和缺点

与上述光源相比，LED 有许多优点。已经有红色、绿色和蓝色的 LED，不需要从白光中提取基色光，因此在 LED 的投影系统中不需要分光镜。另外与 UHP 灯相比，LED 光源不会发出紫外和红外波段的光，系统中不需要 UV 和 IR 滤光片。这些都会使系统的体积更小、成本更低、损耗更小。用 LED 光源的投影机关机后可以马上再开机，不像一般采用 UHP 灯光源的投影机那样在关机后必须冷却一段时间后才能再开机。用 LED 光源的投影机开机后图像马上就可正常显示，没有亮度等待时间，真正实现了图像的快速显示。LED 寿命很长，可以点燃 10 万 h，大大提高了投影仪的使用时间。LED 的体积小，驱动电压低，是廉价密集可携带的投影仪的理想光源。LED 光源的发光光谱很窄，接近于单色光，因此能产生大的色域、增加配色数目、提高图像质量。

LED 的缺点是强度太低，效率大约为 UHP 灯的 1/50。只能作为微型投影仪光源，还要设计合理的照明系统结构，使其达到所要求的照度和均匀度。一般将许多 LED 排成一个阵列，作为面光源使用。增加 LED 的排列也就增加了发光有效面积，增加了光通量。为了有效地将 LED 面矩阵光源发出的光能量传递到成像器件上，必须把 LED 面矩阵光聚焦成一个与成像器件的尺寸大小相当的小光束，这就是光能的收集。这是用 LED 灯作为投影机光源的一个关键技术，把 LED 面矩阵光聚焦成一个与成像器件的尺寸相当的小光束的方法有透镜、收集器、聚光器、光锥（CORE）等多种。

2. 大功率、高亮度 LED

单芯片 W 级功率 LED 最早是由 Philips Lumileds 公司于 1998 年

推出的 LUXEON LED，该封装结构的特点是采用热电分离的形式，将倒装芯片用硅载体直接焊接在热沉上，并采用反射杯、光学透镜和柔性透明胶等新结构和新材料，现在单芯片技术可以提供 1W、3W 以及 5W 的大功率 LED。OSRAM 公司于 2003 年推出单芯片的 Golden Dragon 系列 LED，其结构特点是热沉与金属线路板直接接触，具有良好的散热性能，输入功率可以达到 1W。

多芯片组合封装的高亮度 LED，其结构和封装形式比较多样。美国 Norlux 公司于 2001 年推出了多芯片组合封装的 Norlux 系列 LED，其结构是采用六角形铝板作为衬底。Lanina Ceramics 公司于 2003 年推出了采用公司独有的金属基板上低温共烧陶瓷（LTCC-M，Low Temperature Co-fired Ceramic on Metal）技术封装的超高亮度 LED 阵列。松下公司于 2003 年推出由 64 只芯片组合封装的超高亮度白光 LED。日亚公司于 2003 年推出的白光 LED，其光通量可达 600lm，输出光束为 1000lm 时，耗电量为 30W，最大输入功率为 50W，提供展览的白光 LED 模块发光效率达到了 33lm/W。

Philips Lumileds 公司在 LED 投影仪方面做了大量的工作，研制出了单只 120ANSI lm 的高功率 LED，提出一种高功率 LED 投影仪的结构，关键器件是一种花瓣型能量收集器，可以高效地收集 LED 的能量。

高功率 LED 的研制成功使得 LED 作为亮度要求较低的背投照明光源是完全可能的，对于投影画幅较小的前投系统，LED 照明光源的投影仪可以大大减小系统尺寸和重量，真正成为超轻、超小型的移动办公投影仪。LED 光源是投影显示发展的一个重要方向，需要解决的主要问题就是能量收集率的问题。

3. COB 封装

大功率 LED 的散热问题很重要，如果器件热管理方面的设计不当，LED 芯片结温过高，则有可能使荧光粉效率降低，从而降低光效并影响 LED 色温，甚至导致器件寿命缩短或永久性损坏。

COB（Chips on Board，板上芯片）封装是利用固晶设备将若干个

LED 芯片用固晶胶直接贴装于散热基板上，再利用键合（焊线）设备把基板上的电极和 LED 电极用金线或铝线连接好，之后再根据不同的结构设计进行点胶，形成树脂灯罩。

COB 封装方式有两种不同封装方案：金属基板封装和陶瓷基板封装。对于金属基板，出于用电安全的考虑，散热基板须采用绝缘材料或者镀上一层绝缘膜以防止由于导线与基板接触而引起的短路并导致漏电；而陶瓷基板由于本身是绝缘体，作为 LED 封装基板，陶瓷表面需要金属化，根据金属化工艺的区别，陶瓷基板可分为 DBC（direct bond copper，直接敷铜）陶瓷基板、厚膜陶瓷基板、薄膜陶瓷基板以及 LTCC（Low Temperature Co-fired Ceramic，低温共烧陶瓷）或 HTCC（High Temperature Co-fired Ceramic，高温共烧陶瓷）。

多层共烧陶瓷技术，以陶瓷作为基板材料，将线路利用网印方式印制于基板上，再整合多层的陶瓷基板，最后透过一定温度烧结而成，根据共烧温度的不同可将其分为低温共烧和高温共烧两种。多层共烧基板能够将金属化线路与陶瓷一次烧成，只需考虑烧结后收缩比例问题，整个工艺较为简单，得到了研究人员的广泛关注。

封装胶体顶面的凹凸性对 LED 的光学性能也有影响，因为封装胶体一般是树脂或硅胶中混入荧光粉，当 LED 的封装腔体形状和张角选定后还应考虑封装胶体顶面的凹凸性设计。封装胶体顶面的形状可能是凹面、凸面或平面，交界面曲度的变化会改变出射光线的出射角度，从而对出射光的光强分布和出光率都产生一定的影响。

COB 封装不仅能够节约空间、简化封装作业，而且还能通过基板直接散热，从而具有更高效的热管理方式。

2.1.6 OLED 灯

OLED 灯除了具有 LED 的优点以外，相较于 LED，OLED 灯可以轻易地获得蓝光，并且只要在有机发光主体层中掺杂红、黄色的染料（Dopant）后，就可以轻易得到白光，或是利用多层发光层来组成白光。

由于OLED是利用真空热蒸镀法及印制、旋转涂布法来沉积薄膜，因此，大面积制程较简单且制造成本较低。由于OLED属于面光源，相较于LED的点光源，更适合用做液晶电视机和显示器的背光源。

OLED具有节能减碳、无汞、原材料丰富、驱动电压低且安全、平面发光、光色多变且自然、冷光无高热、薄且轻、可弯可挠、显色性高等特性，更重要的是其仿太阳光的能力，能让室内拥有和室外同样的自然光，且能随意调整色温。

2009年由德国Fraunhofer研究院和欧盟HYPOLED合作研发出了一款OLED微型投影机样品，由于采用了自发光的OLED面板，不需要配备其他光源，适合于手机等掌上设备的应用，可以大大降低电源消耗。该款实验性产品采用的是传统的玻璃镜头，但今后若能采用树脂塑料镜头，可进一步降低产品的成本。该款产品投射黑白画面亮度可达到1000cd/m^2，如果投射彩色画面，亮度会降低到500cd/m^{2}左右。

2.1.7 激光光源

以红、绿、蓝（R、G、B）三基色Laser（Light Amplification by Stimulated Emission of Radiation，激光）为光源的激光显示色域覆盖率可达90%，即彩色显像管的2倍以上，可以真实再现客观世界最丰富、艳丽的色彩，提供更具震撼的表现力。图2-4是激光显示和彩色显像

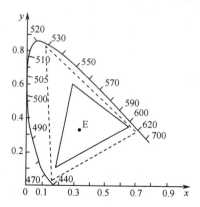

图2-4　激光显示和彩色显像管显示色域比较

管显示色域比较，图中实线三角形是彩色显像管显示色域，虚线三角形是激光显示色域。使用 R、G、B 三基色激光作为投影光源时，其光学系统可以不需要分色系统，也不用透镜聚焦，因此投影图像不会产生失真或变形。激光光源寿命长，在室温下寿命可达 10^5h。

2.1.8　混合光源

对于微型投影显示系统的光源选择来说，主要的两个要求是光源所决定的系统体积和光源能够提供的照明能量。

光源所决定的系统体积包括两方面，一个是光源本身的体积，另一个是由光源决定的后继照明系统的体积。就光源本身的体积而言，UHP、LED 和激光光源器件基本上都能满足系统设计的需求。由光源决定的后继照明系统的体积，UHP 光源由于是谱线很宽的白光源，一方面需要分光系统分出三色光，另一方面需要滤光系统滤除红外和紫外波段光，同时由于其出射光束的光学扩展量较大，同时都配有反光碗结构，因此其后的光学系统体积会相对较大；LD 光源有单色性较好的三基色光源，但由于其光束出射角相当大，因此需要较复杂的光学系统来保证其照明的高效性和均匀性；激光光源单色性好，出射光束角度小，整形光学系统简单，但需要在系统中加入激光散斑消除的器件。

光源能够提供的照明能量同样包括两方面，一个是光源本身的发光效率，另一个是由光源特性所影响的系统能量利用率。就光源本身的发光效率来说，UHP 通常的发光效率为 60～70lm/W，LED 基色光的发光效率根据具体波长的不同，为 30～100lm/W，激光的发光效率则相当高，DPL（Dye Pulse Laser，窄谱激光）可以超过 600lm/W，LD（Laser Diode，激光二极管）也能达到 300lm/W。由光源特性影响的系统能量利用率，则主要是指出射光束的偏振性，由于显示芯片 LCD 和 LCoS 都是偏振光学调制器件，用 UHP 和 LED 光源的光束照明时，将直接产生 50%的能量损耗；而无论是 LD 还是 DPL，出射光束都具有很高的线偏振性，可以保证较高的能量利用率。

综上所述，激光光源在能量和体积上有一定优势，以激光三基色光源作为照明光源的微型投影显示系统是可预见的最理想方案，但目前激光产品尚不成熟，尤其是蓝光激光光源，不但种类稀少罕见，而且价格昂贵，因此需要根据微型投影显示系统的特点、结合各种照明光源的优点，设计一种混合光源照明的方案。

目前微型投影显示系统的应用主要有两大类，一类是以家庭和商务应用为主的便携式微型投影仪，另一类则是以手机娱乐功能为主的植入式微型投影模块。

家庭和商务应用的便携式微型投影机，一般投影屏幕大小在 30～40 英寸，理想照明的总光通量在 100～200lm。手机娱乐功能为主的植入式微型投影模块，一般投影屏幕大小在 8～12 英寸、理想照明的总光通量在 8～10lm。如果取绿光 DPL 的发光效率为 600lm/W，红光 LD 的发光效率为 300lm/W，蓝光 LED 的发光效率为 30lm/W。从体积和功率要求来看，现有的 DPL、LD 和 LED 市场产品已经符合手机娱乐功能的植入式微型投影模块的要求，而家庭和商务应用的便携式微型投影仪要求要更高一些，但考虑到目前半导体激光器技术发展相当迅猛，更高发光效率，更大功率，更小体积的产品正在不断面世。因此以 DPL 作为绿基色光源，LD 作为红基色光源、LED 作为蓝基色光源的混合光源照明方案是具有较好的可行性的。

目前卡西欧、优派和宏基公司都推出 LED 和激光混合光源投影机。

2.1.9　双灯系统

为了提高投影系统的亮度，可以采用双灯照明的方法。双灯照明系统还可以避免投影机在使用过程中出现灯泡故障而无法工作的情况。双灯投影机常采用合光棱镜来叠加亮度。

2.2　反　光　碗

反光碗是反射式光学元件，通常与光源集成在一起，将由发光电弧释放的光能反射向特定的方向。常见的反光碗包括抛物形和椭球形的反光碗，前者将照明光会聚为准直光束，后者则将照明光会聚在椭球的焦点上。

2.2.1 椭球反光碗

椭球反光碗是一种很通用的收集光能的反光碗。由于它结构简单，造价低廉，被广泛应用于投影显示中。弧光灯沿光轴放置在旋转椭球面反光碗的内焦点 P，而被照明物体（目标点）放在椭球面反光碗的第二个焦点 Q 附近，根据椭球面反光碗的特性，光能在反射镜的第二焦点附近被采集。如图 2-5 所示，这种传统的反光碗在会聚弧光灯发出的光的同时会损失一定的光能，如图 2-5 所示，θ 角度内的光线无法到达目标点，从而限制了投影仪的最终投影距离以及投影大小。另外由于发光体有一定的体积，不能被看做理想的发光点，不同方向出射的光线会在目标面上扩展开来，得到一个光能沿半径逐渐减小的圆斑。在椭球面反光碗系统的目标点设置 8mm×8mm 的观察面进行分析，观察面上的光能为 86.036W，光能利用率为 57.36%，光能利用率不高，且光能不够集中。由椭球面反光碗会聚得到的光束无法直接用于投影显示，一般先要用复眼透镜、光棒等积分器件进行均光。

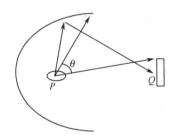

图 2-5　椭球面反光碗

2.2.2 双抛物面反光碗

双抛物面反光碗中两个抛物面反光半碗上下对称放置，光轴在同一条直线 x 轴上。弧光灯放在第一个抛物面反光半碗的焦点 P 处，反射光准直射向第二个抛物面反光半碗。被准直的光线进入第二个抛物面反光半碗，然后在它的焦点 Q 会聚。由于双抛物面反光碗只收集了弧光灯一部分的光线，可以在第一个抛物面反光半碗的对面放置一个半球形的反光碗，球心与弧光灯位置重合。因此到达半球形反光碗的光线被反射回来而最终被第一个抛物面反光半碗收集，如图2-6所示。双抛物面反光碗光能利用率为73.34%。

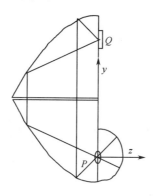

图 2-6　双抛物面反光碗

2.2.3　双椭球面反光碗

双椭球面反光碗（图2-7）中两个椭球面反光半碗旋转对称放置，光源在第一个椭球面的下焦点 P 处，而目标点在第二个椭球面的上焦点 Q 处。两个椭球面的另一个焦点在 O 点重合。根据椭球面的性质，光源发出的光经过第一个椭球面反光半碗的反射，在点 O 处汇聚，光线继续传播，被第二个椭球面反射又在焦点 Q 处汇聚。同样在第一个椭球反光半碗对面放置一个半球形反光碗，球心与光源位置重合，到达半球形反光碗的光线被反射回来被第一个椭球面反光半碗收集。双椭球面反光碗光能利用率为62.6%。

2.2.4　双轴双抛物面反光碗

双轴双抛物面反光碗（图2-8）中两个反光半碗的光轴之间距离为 D，在第一抛物面反光半碗沿 y 轴方向对面放置第二个抛物面反光半碗，而第一抛物面反光半碗的沿 z 轴方向对面放置一个半球面反光碗。光源放在第一抛物面反光半碗的焦点 P 上，被照明物体放在第二抛物面反光半碗的焦点 Q 上。与双抛物面反光碗系统相似，光线经半球面反光碗与第一抛物面反光碗反射后，被准直射向第二抛物面反光碗，最后被汇聚在照明物体上。照明光束的发散角可以由 D 值调节。双轴双抛物面反光碗光能利用率为 66.6%。

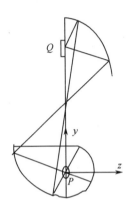 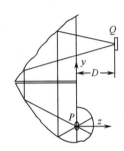

图 2-7　双椭球面反光碗　　　　图 2-8　双轴双抛物面反光碗

2.3　CPC 集光器

2.3.1　非成像光学和边缘光线原理

由于 LED 的强度较低，在照明设计中一般将许多 LED 排成一个阵列，作为面光源使用。因此 LED 光源无法像传统点光源一样采用椭球反光碗或者抛物面反光碗来提高光源照明的效率。

20 世纪 70 年代中期，Winston 和 Welford 等人提出非成像光学概念，非成像光学主要研究使光辐射传播的效率最大及得到所需的照度分布。同时 Welford 和 Winston 也提出了边缘光线原理。在一个聚光器中，具有最大入射半角 θ_i 的光线从出射孔径的边缘射出，即入射孔径的极端光线在出射孔径上也为极端光线。从而可以认为，入射孔径上 θ_i 角度内的光线均会通过系统且由出射孔径射出。

2.3.2 CPC 集光器

对于一般的锥体集光器应用边缘光线原理可以得到 CPC（Compound Parabolic Concentrators，复合抛物集光器），CPC 集光器是一个理想的集光器，在理论上具有最大集光效率，是一系列非成像集光器的原型。早期，CPC 集光器被广泛地应用于太阳能采集。随着 LED 光源在照明中的广泛应用，CPC 集光器也逐渐被应用于对 LED 光源的发光光束进行调整。

目前大部分的 LED 光源的发光角度太大，LCoS 投影仪系统中光束角度一般在 11°～16°。通过 CPC 集光器对 LED 的发光角度进行调整。选取小角度 θ_i 以对光束进行较高程度的准直。通常将 CPC 集光器做成一个实心绝缘体，材料折射率 n 满足 $2 \geqslant n \geqslant \sqrt{2}$（该折射率范围包括大部分常用材料），因此 CPC 集光器的内壁可以实现全反射。图 2-9 是 LED 光源与 CPC 集光器示意图。

使用多面体 CPC 集光器可以降低整个工艺的难度和成本，另外多面体 CPC 集光器的设计可以根据光源发光面的形状以及系统中照射面的形状和尺寸调整 CPC 集光器的入射孔径和出射孔径的形状。图 2-10 是 LED 光源与多面体 CPC 集光器示意图。

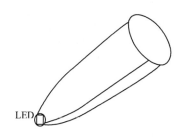

图 2-9　LED 光源与 CPC 集光器示意图

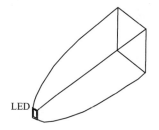

图 2-10　LED 光源与多面体 CPC 集光器示意图

2.4　UV/IR 滤光镜

UHP 灯发射的光谱中有大量的紫外线（Ultraviolet，UV）和红外线（Infrared，IR），这些光线是有害的，紫外线会伤害偏振片及液晶显示器件，红外线会导致光学器件升温，有损胶合面的牢度，同时还会导致色彩偏色，降低对比度。UV/IR 滤光镜就是紫外线、红外线滤光镜。用 UV/IR 滤光镜可将紫外线滤除、将红外线反射，只让光谱中的可见光通过。UV/IR 滤光镜以防爆平板玻璃为基板，镀有滤光膜，置于 UHP 灯泡前方，也可置于反光罩端口处。

思考题和习题

2-1　熟悉超高压水银灯（UHP 灯）的主要厂家和型号。

2-2　金属陶瓷氙灯特点？

2-3　LED 有哪些优点和缺点？

2-4　混合光源照明的方案有哪些特点？

2-5　简述非成像光学和边缘光线原理。

第3章 投影机常用光学器件

3.1 匀光器件

在很多情况下，对照明系统的要求是有一定的照度，同时被照明面有均匀的光能分布。实现均匀照明最简单的方法是在照明系统中加入磨砂玻璃或乳白玻璃，但这种方法只适用于均匀性要求不高的系统。柯勒照明是一种较为有效的均匀照明方式。聚光照明镜将光源成像到物镜的入瞳处，被照明物体经过物镜被投影到屏幕上或者进入人眼中。由于被照明面上的每一点均受到光源上的所有点发出的光线照射，光源上每一点发出的照明光束又都交会重叠到被照明面的同一视场范围内，所以整个被照明物体表面的光照度是比较均匀的。在液晶投影仪等大视场、高光强、均匀性要求较高的现代光电仪器中，通常采用复眼透镜、光棒等匀光器件与柯勒照明系统相配合，以获得较高的光能利用率及较大面积的均匀照明。

3.1.1 复眼透镜

复眼透镜的外形与昆虫的复眼相似，又称蝇眼透镜或微透镜阵列。复眼透镜是由一系列相同的小透镜拼合而成。小透镜的面型可为二次曲面或高次曲面，其形状可根据拼合需求进行加工。最常用的拼合方法有两种，如图 3-1 所示。图 3-1（a）是把小透镜加工成正六边形拼合而成，处于中心的小透镜称为中心透镜，其他小透镜围绕着中心小透镜一圈一圈地排列，每一圈的透镜个数为 $6n$（n 为圈的序号）。图 3-1（b）是把小透镜加工成矩形拼合而成，排列成一个 $n \times n$ 的阵列，这种复眼透镜加工难度较前者小一些，但产生均匀照明的效果不如前者。

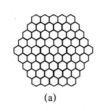
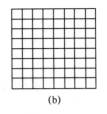

(a)　　　　　　　　　(b)

图 3-1　复眼透镜

复眼透镜照明系统的原理是光源通过复眼透镜后，整个照明光束被分裂为 N 个子光束（N 为小透镜的总个数），每个微小透镜对光源独立成像，这样就形成了 N 个光源的像，称为二次光源，二次光源通过后面的光学系统后，在照明平面上相互重叠，互相补偿，获得比较均匀的照度分布。具体原因如下：

（1）整个入射光束被分了 N 个子光束，每个子光束范围内的均匀性必然优于整个光束范围内的均匀性。

（2）整个光学系统具有旋转对称结构，每个子光束范围内的细微不均匀性，由于处于对称位置的两个子光束的相互叠加，子光束的细微不均匀性又能获得进一步的相互补偿。因而叠加后物面照度的均匀性明显好于单个通道照明的均匀性，如图 3-2 所示。

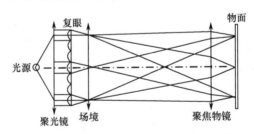

图 3-2　复眼透镜照明光学系统

在实际的应用中，复眼透镜通常采用双排复眼的形式。每排复眼透镜由一系列小透镜组合而成。两排透镜之间的间隔等于第一排复眼透镜中的各个小单元透镜的焦距。与光轴平行的光束通过第一排透镜中的每个小透镜后聚焦在第二块透镜上，形成多个二次光源进行照明；通过第二排复眼透镜的每个小透镜和聚光镜又将第一排复眼透镜的对应小透镜重叠成像在照明面上，如图 3-3 所示。

同样用于均匀照明的还有复眼反射镜，反射型复眼的优点在于可以减小系统体积，而且没有色差，因此在便携式光学仪器中具有广阔的应用前景。

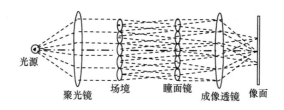

光源　　聚光镜　　场境　　瞳面镜　　成像透镜　像面

图 3-3　双复眼透镜照明光学系统

3.1.2　光棒

光棒是另一种有效的均匀照明器件。光棒可以是实心的玻璃棒，也可以是内镀高反射膜的中空玻璃棒。前者利用全反射原理，反射效率较高，且加工方便；后者利用反射镜实现光在其内部的传输，效率较低，但由于没有玻璃材料的吸收，能量损失较小，并能允许较大角度的光线入射，可以在短长度内实现同样次数的反射，达到相同的均匀性。

如图 3-4 所示，带角度的光线射入光棒后，在光棒内部的反射次数随入射角度不同而变化，不同角度的光线充分混合，在光棒的输出面上的每个点都将得到不同角度光的照射，从而在光棒的输出端能够形成均匀分布的光场。光棒输出端每一点的光强为来自光源的不同角度光的积分，因此，光棒也称为光积分器件。

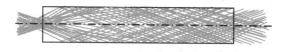

图 3-4　光棒中的光线传播

照明系统应用光棒实现均匀照明时，常采用椭球面反光碗加光棒的形式，如图 3-5 所示。光源位于旋转椭球面反射镜的内焦点上，光棒放在反射镜的第二焦点附近，光线进入光棒经多次反射，在末端形成均匀的照明。由于光学系统结构和光棒尺寸的限制，通常无法直接将光棒出射面放置在需照明表面上，因而在光棒后面需要引入中继的聚光镜，将光棒出射面成像在被照明物体表面。

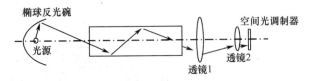

图 3-5　方棒工作原理示意图

对于光棒的设计，主要考虑的参数有两个：一个是长度，一个是截面积。

长度的考虑应该基于系统对照明均匀性的要求。光棒长度越大，光线在其内部的反射次数越多，均匀性越好，因此为保证足够的反射，截面积较大的光棒长度也应该相应增加。但长度增加必然带来能量的衰减及系统尺寸的增大。一般情况下，光棒的长度应满足光线在内部反射 3 次左右，为较合理的设计。

截面积的大小需要从能量利用率出发。小尺寸的光棒，如果输出光束的孔径角小于后续光学系统的最大孔径角，出射的光能可以全部被利用，此时适当增大截面积，能够增加进入光棒的能量，提高系统的光能利用率。当光棒尺寸大到使出射光束孔径角大于后续系统能接收的孔径角后，整个系统的能量利用率会下降。而且，如果后续光学系统只能在小于一定的数值孔径内有效工作，在进行光棒设计时也应充分考虑截面积大小与后续系统的匹配问题。

3.1.3　反光镜

反光镜也称反射镜，根据反射膜在玻璃基板的前、后面分为前膜和后膜反光镜，如图 3-6 所示。常用的是前膜反光镜。

前膜反光镜的反射率高，还可以避免两次反射产生的重影的效果，保证了图像清晰度，因此投影机中多采用前膜反光镜。但它的缺点是反射膜曝露在外，很难保护。膜层一般为真空镀铝膜，很容易被

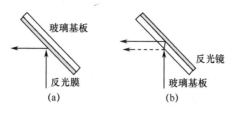

图 3-6　前膜反光镜和后膜反光镜示意图

（a）前膜反光镜；（b）后膜反光镜。

划伤，因此可以外加硬膜保护层，但反射率又会有所下降（一般反射率为85%～95%）。反射膜落上灰尘时，反射率会明显下降，用户难以清除，这是目前背投影机的一个缺陷。

后膜反光镜的反射膜可以受到很好的保护。为了避免玻璃基材的前表面反射造成的重影，需要在后膜反射镜镜前表面加装增透膜，使前表面的反射率下降到1%～20%，这就可以降低重影的缺陷。

超薄型背投影机的反射镜可采用整体镜，无反射膜层，而是利用光密介质与光疏介质间的全反射原理来得到很好的反射面，反射面可以长时间避免灰尘污染。

3.2　偏振光器件

3.2.1　偏振片

自然光是非偏振光，它包括各个振动方向的光线。一束自然光射入偏振片，只能让振动方向与偏振片透光轴一致的光线通过，其他光线被吸收，通过的光线称为偏振光（Polarized Light）。

偏振片由二向色性材料制成，天然晶体中的电气石就具有强烈的二向色性。人造材料也可以制作偏振片，例如，利用聚乙烯醇加入碘和碘化钾作为二向色介质，延伸制成偏振片，现在常用的偏振片均是由这种二向色性聚乙烯醇薄膜制成的。

允许透过光矢量的方向称为偏振片的透光轴，与其垂直的方向称为吸收轴，透光轴的方向应在偏振片上标出。自然光经过偏振片后变为偏振光，如图 3-7 所示。

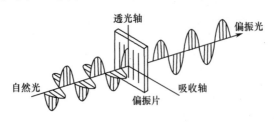

图 3-7　自然光变为偏振光

这种偏振光的光矢量在与传播方向垂直的平面上的投影为一条直线，故又称为线偏振光。线偏振光是偏振光的一种，此外还有圆偏振光和椭圆偏振光。圆偏振光的特点是，在传播过程中，它的光矢量的大小不变，而方向绕传播轴均匀的转动，端点的轨迹是一个圆；椭圆偏振光的光矢量大小和方向在传播过程中都有规律的变化，光矢量的端点沿着一个椭圆轨迹转动。

偏振片成品并非是一层薄片，而是以偏振薄膜为基本材料，在其两侧加有保护膜及粘接剂，其结构如图 3-8 所示。

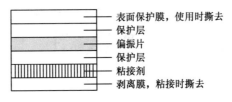

图 3-8　偏振片的结构示意图

偏振片不要长时间被紫外线照射，也不要在高温、高湿环境下使用。温度不要超过 70℃，温度在 70℃时，湿度不要超过 90%（RH）。

3.2.2　PBS 棱镜

PBS（Polarization Beam-Spliter，偏振分光）棱镜是胶合棱镜组，它把自然光分为 P 偏振光和 S 偏振光，如图 3-9 所示。

在胶合面处镀有偏振膜，自然光射入棱镜遇到偏振膜后，一部分反射，另一部分透射。反射光和透射光均变为偏振光，其中反射光为

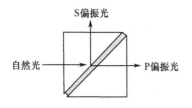

图 3-9　PBS 棱镜结构示意图

S 偏振光，透射光为 P 偏振光，二者振动方向相互垂直，这就是偏振分光棱镜的工作原理。S 偏光的反射率以 R_S 表示，P 偏光的透射率以 T_P 表示。但是，透射光中仍有一些 S 偏光，其透射率为 T_S。透射光中 T_P/T_S 的称为消光比。实际的 PBS 棱镜将偏振膜做成多层膜，光线在每层界面处发生一次反射和透射，即进行一次偏振化，P 偏振光中的 S 偏振光成分逐渐减少，从而提高消光比，经过多层偏振化以后，消光比可大于 1000∶1。

　　PBS 棱镜可以应用在平行光路中，也可以应用在会聚光路中。在平行光路中，光线垂直射入 PBS 棱镜，平行光在入射面处，入射角为 0°，在偏振膜处入射角为 45°，这时偏振光质量较好，可达到 P 光透过率 $T_P > 96\%$，S 光反射率 $R_S > 99\%$；当 PBS 棱镜用于会聚光路中，每条光线在入射面处的入射角度是不同的，入射角越大，偏振化的质量越差；光的波长越短，偏振化的质量越差。在会聚光路中，S 偏振光的质量要好于 P 偏振光，P 偏振光的质量波动较大。所以 PBS 棱镜应优先选用在平行光路中，或用于会聚角较小的会聚光路中，会聚角要小于 ±3°。

3.2.3　1/2 波片

1. 波长片

　　波长片是以通过光线的主波长来标志的，一般分为全波片、1/2 波片、1/4 波片、1/8 波片、5/8 波片等。这些不同的波长片都能使入射的偏振光产生相位延迟，从而改变偏振态，所以波长片又称为相位延迟器（Retarder）。

当一束线偏振光射入波长片时，在波片中分解成振动互相垂直的寻常光 o 和非寻常光 e，相应的折射率为 n_o、n_e，它们的光速是不同的，因而产生相位差，相位差的大小除与折射率差值有关外，还与波长片厚度有关，其关系式为

$$\delta = \frac{2\pi}{\lambda} |n_o - n_e| d$$

式中：δ 为相位差；λ 为光线的主波长；n_o 为波片材料寻常光的折射率；n_e 为波片材料非寻常光的折射率；d 为波片的厚度。

2. 1/2 波片

若能使相位差 δ 的值为 π 的奇数倍，即 $\delta = (2m+1)\pi$，$m = 0$，1，2，3，…，则此时的波片称为 1/2 波片。相位差为 π 的奇数倍时，其光程差即为半波长的奇数倍。

由上述两个式子很容易导出 1/2 波片的厚度 d，即

$$d = \frac{(2m+1)\lambda}{2|n_o - n_e|}$$

由于 o 光和 e 光的光速在 1/2 波片中是不同的，因此称光速快的光矢量方向为快轴，与其垂直的光矢量方向为慢轴。在 1/2 波片上应标出快轴（或慢轴）方向，以便与其他光学元件配置使用。

1/2 波片多用于 LCD、LCoS 光学引擎中，用来改变偏振光振动方向。在线偏振光光路中插入一个 1/2 波片，若原线偏振光的振动方向与 1/2 波片快轴（或慢轴）之间夹角为 θ，则经过 1/2 波片后，原线偏振光的振动方向旋转过 2θ，如图 3-10 所示。

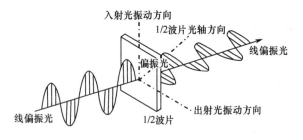

图 3-10 1/2 波片工作原理

若 $\theta=45°$，则原线偏振光经过 1/2 波片后，振动方向旋转 90°。这种功能在 PCS 系统中得到应用，能将 P 偏振光转换成 S 偏振光，就是在 P 偏振光光路中配置 1/2 波片，使 P 偏振光振动方向与 1/2 波片快轴夹角为 45°时，把 P 偏振光旋转 90°，变为 S 偏振光。

1/2 波片可用云母、石英等晶体材料制成，其厚度分别约为 0.07mm、0.034mm，非常难加工，且容易碎裂。现多改用聚乙烯醇膜等非晶体材料拉伸制成，不仅不易碎裂，而且可做成大面积的 1/2 波片，可任意裁切，厚度约为 0.25mm，按照角度要求粘贴在光学元件上。

自然光射入 1/2 波片，出射光仍为自然光，不起旋光作用。偏振光入射，才能起到改变偏振态的作用。线偏振光入射时，出射光仍为线偏振光，振动方向旋转 2θ 角。圆偏振光入射时，出射光仍为圆偏振光，旋向与原来相反，即左旋转变为右旋，有旋转变为左旋。

3. 1/4 波片

1/4 波片与 1/2 波片相似，线偏振光通过 1/4 波片也产生相位差 δ，其值为 $\pi/2$ 的奇数倍，即

$$\delta=(2m+1)\pi/2 \ (m=0，1，2，3，\cdots)$$

其厚度为

$$d=\frac{(2m+1)\lambda}{4|n_o-n_e|}$$

1/4 波片的产品说明书中也应标明其快轴（或慢轴）方向，因为该波片一般与偏振片配套使用。由偏振片出射的线偏振光，再射入 1/4 波片，透过该波片后要改变偏振态。假设射入的线偏振光的振动方向与 1/4 波片快轴的夹角为 θ：

当 $\theta=0°$ 时，线偏振光透过该波片后仍为线偏振光，偏振态不改变；

当 $\theta=90°$ 时，线偏振光透过该波片后仍为线偏振光，偏振态也不改变；

当 $\theta=\pm45°$ 时，线偏振光透过该波片后，改变为圆偏振光；

当 θ 为其他数值时，线偏振光透过该波片后，变为椭圆偏振光。

3.2.4 PCS 转换器

自然光经过 PBS 棱镜即可得到 S 偏振光和 P 偏振光。如果将 P 偏振光转换成 S 偏振光，并由同一方向射出，则可大大提高光的利用率，并且简化了后续光学系统。因此，在一个器件中，将多个 PBS 棱镜胶合在一起，并在 P 偏振光的光路处加 1/2 波片，将 P 偏振光转换成 S 偏振光，这个器件就是偏振光转换器（Polarization Conversion System，PCS），其结构如图 3-11 所示。

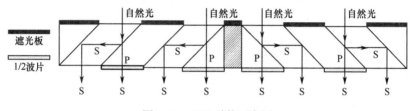

图 3-11　PCS 结构示意图

在 LCD、LCoS 光学引擎中，均要应用由 PCS 器件制作成的大面积的 S 偏振光照明系统。此时，将 PBS 立方棱镜做成长条状，将多个条状棱镜胶合在一起，在胶合界面镀有偏振膜，可透射 P 偏振光并反射 S 偏振光，在 P 偏振光出射面加一个 1/2 波长片，将 P 偏振光转变成 S 偏振光，这样就将自然光全部转变成单一的 S 偏振光，并在同一方向射出，形成大面积的偏振光光源。另外还要指出，在入射面要加装遮光板，以保护 S 偏振光不受干扰。PCS 的转换效率很高，效率一般可达 80%～90%。

3.3　分色、合色器件

3.3.1　色轮

在单片式投影系统中，色轮（Color-Wheel）是产生红、绿、蓝三色光的部件，常用滤色镜进行分色。把 R、G、B 三基色滤色片制作在一个圆盘上，圆盘与旋转装置相连，圆盘作高速旋转，所以称为色轮。色轮上每一基色形成一个环带，各占一个弧段，首尾相接。最基本的形式为 RGB 三色段如图 3-12 所示。为了提高图像亮度，可增加一个透明弧段，构成 4 段色轮。还有做成 6 色段的，弧段的角度减小，R、G、B 各有两个弧段。为了提高图像的彩色质量和图像亮度，现在已有 4 段、6 段、7 段等规格的产品。

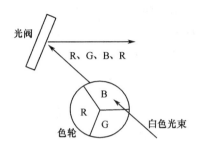

图 3-12　三段色轮结构示意图

白光照射色轮后，透过滤色片得到三基色光，色轮高速旋转，微显示成像器件即可得到时序单色光照明。利用人眼的视觉暂留机理，由单色图像合成彩色图像。

色轮是一个光机组件；它包括滤色片和电动机两部分，滤色片是二向色分光片，在薄玻璃片上镀有二向色分光膜。典型的色轮包含红、绿、蓝、无色透明 4 个色段，无色透明色段镀有减反射膜（AR），以增加透光率。各二向色镀膜的膜层要牢固，热稳定性要好。工作温度一般不要大于 85℃。色轮电动机转速一般为 7200～11000r/min。色轮盘的发展逐步小型化，直径由 80mm 逐渐缩小为 20mm，直径缩小还可以降低噪声。

3.3.2　色分光镜

1. 二向色分光系统

一束白光射向镀有特殊膜层的平面镜，能使一部分波段的光反射，一部分波段的光透射。反射光的波段与透射光的波段不同，所以反射光的颜色与透射光的颜色也就不同，形成两种色光，这种平面镜称为二向色分光镜（Dichroic Mirror，DM）。二向色分光镜在投影机的光学引擎中，将白光分解为 R、G、B 三基色光，分别照明三个分立的显示芯片。在 LCD、LCoS 光学引擎中要应用偏振光照明，一般二向色分光镜的入射光是白色 S 偏振光，经二向色分光镜分色后，得到 R、G、B 三基色的 S 偏振光。

二向色分光镜一般是两片配套使用，图 3-13 是二向色分光系统示意图，图中白色偏振光射入第一片分光镜，使 R 光透射而反射青色光，经第二片分光镜，将 G 光反射而透过 B 光，从而完成三基色分光过程。

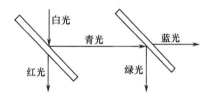

图 3-13　二向色分光系统示意图

二向色分光镜的关键技术在于二向色膜，该膜层利用真空镀膜技术，需要进行多层镀膜。利用折射率高低不同的镀膜材料交错镀制，膜层多达 40 层以上，来满足二基色分光的质量要求。

二向色分光镜在平行光束光路中的时候，光线入射角通常为 45°，这时分光镜各个点的光线入射角均相等，即各点的分光性能不变。这种情况下，二向色膜层厚度均匀一致，称为等厚膜。镀膜面最好做出标记，以便识别，装配时应使镀膜面朝向入射光方向。

2. 会聚光束中的二向色分光镜

若一束锥形光束射向分光镜，分光镜与光轴夹角为 45°，即光轴的入射角为 45°，而其他光线的入射角则会偏离 45°。设会聚角 θ 为 8°，则上下边缘光线的入射角分别为 53° 和 37°，入射角变化会产生分色误差。一般入射角偏离 45° 越大，误差越大。为了减少这个误差，将等厚膜改为楔形膜，膜层厚的一端置于大入射角处，以减小入射角，膜层薄的一端置于小入射角处。

二向色分光镜楔形镀膜在膜层厚的一端，于上角处做出标记，以示安装方位。安装此二向色分光镜时，应保证膜层厚的一端位于入射光线大入射角处。安装错误会造成严重后果，使分光镜不同位置的分光曲线更加分散。如果没有膜层厚端（或薄端）标记，也可在组装现场用经验法辨认。在现场铺设一张白纸，将分光镜放在白纸上，目视镜面呈现的颜色，颜色稍浅的一端为厚膜端，向薄膜端颜色逐渐变深。

3.3.3 X合色棱镜

3片LCD投影系统的光学引擎结构比较定型，3片LCD芯片分置于立方棱镜周围，三基色图像经此立方棱镜进行合色，此立方棱镜称为合色棱镜。合色棱镜由4块直角等腰棱镜胶合而成，外形是立方体，胶合面呈X形状，所以合色棱镜又称X合色棱镜（X-cube），图3-14是X棱镜原理与结构示意图。

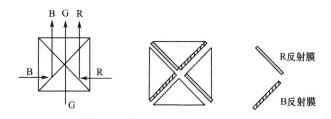

图3-14 X棱镜原理与结构示意图

X合色棱镜的关键技术有3点。

1）直角等腰棱镜加工与材料

（1）直角误差：90°±5"。

（2）两等腰面面型误差：0.5光圈。

（3）弦面面型误差：1.0光圈。

（4）直角处不得倒棱。

（5）光学玻璃K9，$N_d=1.5168+0.0005$。

（6）四块直角棱镜材质应一致，折射率差$\Delta N \leqslant 0.0005$。

2）二向色镀膜的技术要求

反蓝膜（Blue reflecting Dichroic Mirror，BDM）：

$R_s \geq 92\%$（λ=420～450nm）

R_s=50%（λ=530nm±10nm）

$R_s \leq 1\%$（λ=570～670nm）

反红膜（Red reflecting Dichroic Mirror，RDM）：

$R_s \geq 92\%$（λ=600～670nm）

R_s=50%（λ=565nm±10nm）

$R_s \leq 1\%$（λ=420～530nm）

透过绿光：$T_p \geq 92\%$（λ=510～585nm）

3）胶合技术

（1）4块直角棱镜胶合要牢固。

（2）4块直角棱镜的直角棱相聚在中心。

（3）4个直角棱形成的中缝宽度不得大于6μm。

（4）红光反射面为180°±10"。

（5）蓝光反射面为180°±10"。

以上给出的参数均为示意值，而非规范值。

3.3.4　TIR棱镜

TIR（Total Internal Reflection，内全反射）棱镜简称全反射棱镜。它是由两个棱镜胶合而成的，如图3-15（a）所示。在胶合面的四周点胶，将两块棱镜胶合在一起，中间形成一个空气隙，空气隙要等厚，而且非常薄（一般不大于5 μm），如图3-15（b）所示。可通过胶粒大小或垫片来控制空气隙厚度及平行度。

空气隙是TIR棱镜结构上的关键点。光线在两种光学材料界面处要发生折射现象，根据折射原理可知：

$$n_1 \sin\alpha = n_2 \sin\beta$$

式中：n_1、n_2 为界面两侧材料的折射率；α 为入射角；β 为折射角。当 $n_1 > n_2$ 时，$\beta > \alpha$。若 α 角增大使 β 角接近90°时，入射光线不再折射，在界面处发生全反射，这种现象称为内全反射。所以要求，n_2 要小，最小值就是 n_2=1，即采用空气层间隙。如果没有空气隙就难以发生全反射。

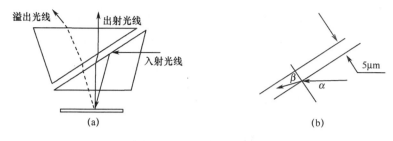

图 3-15　TIR 全反射棱镜

（a）DMD 与 TIR 空间关系；（b）空气隙放大图。

　　TIR 棱镜的透光面均要抛光，面型平整，并全部镀有减反射（Anti-Reflection，AR）膜，以增加透光率。两块棱镜的材质应一致，其折射率之差要小于 0.0003，因此要筛选匹配。

　　TIR 棱镜多应用在 DLP 光学引擎中，用来把照明光路和成像光路分开。如图 3-16 所示，入射光经过第 1 棱镜，在内表面入射角大于全反射临界角时发生全反射，照明 DMD 微反射镜。反射回来的光线，再次经过第 1 棱镜的内表面时，入射角小于全反射临界角，然后经过空气隙，由第 2 棱镜射出。微反射镜处于亮态时，光线通过投影镜头成像在屏幕上；处于暗态时，光线偏离投影镜头而被吸光器件吸收。

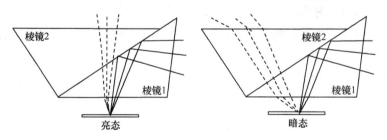

图 3-16　TIR 棱镜中照明光和出射光的传播

3.3.5　Philips 棱镜

　　投影显示系统中光学系统的核心之一就是分色合色系统。分色合色系统可以将白光分成红、绿、蓝三基色，分别由图像源对这三种颜色的光进行调制后，再由合色系统合色投影到屏幕上产生彩色图像。

Philips 棱镜是一种常见的分色合色系统,图 3-17 是 Philips 棱镜结构示意图。棱镜材料是 K9 玻璃,n=1.5163。第 1 面的入射角为 16°,镀了反蓝透红绿分色薄膜,其间是空气隙,光线换算到空气当中的出射角为 24.8°,第 2 面入射角也是 16°,镀了反红透绿分色薄膜,然后胶合。

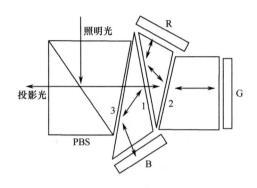

图 3-17 Philips 棱镜结构示意图

照明光束经 PBS 反射后,S 偏振光进入 Philips 棱镜,蓝光由 1 面反射后,再由 3 面全反射到达 B 空间光调制器;红光由 2 面反射后经 1 面全反射到达 R 空间光调制器;绿光透射。R、G、B 三色光分别经三块空间光调制器后,转变为椭圆偏振光,再通过 Philips 棱镜合色后,其中 P 偏振分量经 PBS 出射,由投影物镜在屏幕上形成彩色图像。Philips 棱镜在系统中既是分色元件又是合色元件,分色合色系统对 S 和 P 偏振光的要求实际上是一致的。分色合色薄膜同时承担着分色和合色的任务。分色时,棱镜工作在 S 偏振分量,而合色时,棱镜工作在 P 偏振分量,因此 Philips 棱镜总的透过率为 S 和 P 偏振分量透过率的乘积。由于薄膜的偏振效应,S 和 P 分量的光谱曲线分离是不可避免的。其结果是不仅使 S 和 P 分量之间光谱分离波段的部分光能量无法利用,而且这部分光将在 Philips 棱镜内部多次反射而形成杂散光。因此减少偏振分离的分色合色膜系既可提高光能利用率,又可减少杂散光的干扰而提高系统的对比度。

3.4 投影镜头和投影屏幕

投影镜头是专指微显示投影机所用的镜头，它不同于电影放映、幻灯投影、书写投影、投影测量等的投影镜头，更不能拿照相机镜头代替投影镜头。微显示投影镜头有特殊的结构和要求，除了要求成像清晰、色彩丰富鲜艳、消除畸变、画面亮度均匀以外，还要求与投影机的光学引擎相配合，与显示器件相配合。按使用情况，投影镜头分为前投影镜头和背投影镜头两大类。

3.4.1 前投影镜头和前投影屏幕

1. 镜头

目前最常用的微显示器件有 LCD、LCoS、DLP 三种，其尺寸比较小，为（0.5～1.3）英寸（对角线）。在显示器件与投影镜头之间常有一些光学元器件，它们要很好地配合。前投影镜头多用变焦距镜头，其光学结构比较复杂，多达十六七个镜片，并且要变化镜片的间隔，因此镜筒结构也相应复杂很多，加工精度很高，在安装和使用时要精心操作。

前投影机的变焦距镜头，其焦距为 40～50mm，相对口径多为 1:2.0～1:4.5（F2～F4.5）。镜头上有调焦环和变焦环。调焦环用来调整画面清晰度，当投影距离改变时，画面会模糊不清，需要精细调整出清晰图像，此环称为调焦环，又称调距。变焦环用来变化镜头的焦距值，在同一投影距离时，焦距值越小，放大倍率越大。调焦和变焦均可手动操作，也可电动操作。两种调控环均不设刻度指示，以临场目视观察，调控满意为止。相对孔径多为固定不变，所以不设调控环。

目前投影镜头的安装尺寸尚无统一标准，所以不同品牌、不同型号的前投影镜头不能互换。镜头安装机架有固定式的，也有上、下、左、右移动式的，移动量有大有小。上下移动可部分消除投影画面的垂直梯形变形，如投影机俯、仰安装时用来消除梯形变形。左右移动可消除投影画面的水平梯形变形，如将投影机移到现场侧边，实现侧边投影而消除梯形变形。

2. 屏幕

前投影屏幕为了得到较高亮度，应具有较高反射率。但随着幕面环境光照度的变化会对前投影屏幕的图像对比度有较大影响，这是各种前投影屏幕的共有缺陷。前投影屏幕可以采用漫反射材料，也可以采用定向反射材料。

前投影屏幕常用的有如下 4 种：

（1）纯白幕。又称白塑幕（Matte White），是漫反射幕。具有增益低，散射角大，幕面均匀，价格低等特点。用在观众多、环境光照度低的场合。

（2）微珠幕。又称波珠幕（Glass Beaded），是在白色投影幕的基础上喷涂一层细微的玻璃珠制成的，玻璃珠的基材一般为玻璃纤维。这种屏幕色彩还原柔和，质感较好，可视角度比较大，增益也不算低，在 1.9 以上，是目前使用最广泛的屏幕。适用于环境光照度不高的场合。微珠反射光线有多个会聚点，故清晰度低。微珠幕的悬挂、运输比较方便，价格低，在教室及会议室内被广泛使用，但需降低环境光照度。考虑到微珠幕的定向反射方向，投影机不宜在天花板上顶吊安装，而应置于桌面上。

（3）金属幕。是在聚乙烯基材上喷涂金属膜而形成的屏幕，其表面呈灰白色，有金属的质感。金属幕（Super Wonder-Lite，一种注册的金属幕）的增益较高，散射角较小，清晰度也较高，属于定向反射幕。增益为 3~5 倍。为了得到较高的增益，可将硬幕基制作成椭球面或抛物面，反射面采用铝箔材料，水平和垂直方向以不同精度拉丝或压纹，增益为 5~10 倍，这样就可以得到高增益且画面亮度均匀的硬幕。但随着投影机光输出的提高，这种幕已逐渐被淘汰。采用金属幕时，投影机的吊装位置相当于以屏幕中心点的垂直线为对称轴的观看者对称处。

（4）黑栅前投影屏幕。

使用一般的白屏幕或灰屏时，环境光越亮，屏幕上的黑色图案也随之越亮，即图像灰雾度越大，影像中的其他色彩也会因加入了环境光线变淡，影像的反差、色彩随着环境光的增加而降低，用户看到的图像的真实性，自然性以及对比度大大降低。因此，解决投影画面中的黑色显示成为投影屏幕技术中的首要问题。为获得高质量的画面，传统的解决办法是关闭灯光，遮蔽自然光。

专家发现，影响屏幕的环境光线70%来自于房屋的天花和明亮的天空，而水平和来自地面反光只占30%。通常人眼观察屏幕的角度只占屏幕180°的30%左右。因此，控制在投影屏幕上的环境光线是解决屏幕黑色问题最为有效的方法，要解决屏幕黑色问题只能从屏幕本身入手。

图3-18是黑栅前投影屏幕示意图。幕前加一层黑栅（Black Shelf），宽度为0.1mm，间隔为0.3mm，挡住上方的环境光，大大提高了影像精度。而为了解决屏幕表面抗反光问题，减少其对投影画质的影响，黑栅表面为支撑黑色膜层，搭建了无数光学微棱镜，微棱镜与黑栅的结合可以将屏幕表面的反光反射到黑色膜层光栅上而被吸收，观看者看不到任何的反光。反射率略有下降（约10%以内），但在较高环境光下工作，仍有较高对比度，从而解决了前投影幕的共有缺陷，为今后前投影屏幕的发展方向。

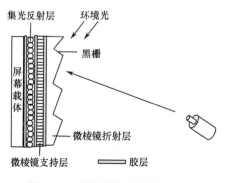

图3-18　黑栅前投影屏幕示意图

3. 投影屏幕选择

（1）前投影屏幕的增益和视角是一对矛盾，增益大时，亮度高，而视角减小，所以要依据所采用的投影机亮度、观众的多少和投影室内空间的大小来确定屏幕的增益，绝非是增益越高越好。

（2）由于前投影屏幕都使用了胶黏剂，所以在选择时应注意环保，要求无毒，并易于清洗。

（3）前投影屏幕应尽量选用不易老化、涂层不易脱落、幕基不易变形的高质量屏幕。

（4）前投影屏幕材料都是高反射材料，对外界干扰光有很强的反射能力，因此会导致对比度下降，前投影屏幕不适于在高亮度环境中使用。若在暗室中放映，对比度大为提高，可选用白色漫射幕。若在会场上有 300 lx 环境光时，除注意减弱直射屏幕的环境光外，还必须选用定向反射幕；若达到 1000 lx 环境光时，要选择特别设计的黑栅屏幕。

3.4.2 后投影镜头和后投影屏幕

1. 镜头

后投影又称背投影，是指投影机和观看者分别位于屏幕两侧的投影系统。从投影机射出的光信号投射到半透明的屏幕，透射光在屏幕背面显像并进入人眼。一般情况下要尽可能减小投影镜头到屏幕中心的后工作距离，这就意味着要采用短焦距的投影镜头。背投影镜头焦距一般在 35mm 以下。短焦距必然导致大的视场角。通常情况下，背投影镜头的视场角可达 70°以上，较正投影镜头要大得多。同时，要保证一定的像面光照度，又需要采用大的相对孔径。

2. 屏幕

背投幕可分为如下 6 种：

（1）散射幕。无论是软幕或是硬幕，幕型的基材均应选用无色透明的高透过率材质，并均匀混入扩散剂。典型方法是混入与基材光折射率不同的微珠，利用两种透明介质界面的折射现象实现散射。由于屏幕四边、四角的投射光线是发散的，常会使观看者感觉正对着投射光线的屏幕局部有较亮的耀斑，而四边四角的观看亮度明显下降。越是透过率高、增益高的屏幕耀斑效应越明显。

采用光输出指标高的投影机，可以允许降低幕的透过率，使耀斑效应减轻，并且获得较大的散射角。单层散射幕的透过率通常在50%～80%范围内。与漫反射面相比，散射幕的增益 G 的范围为1～5。

（2）菲涅尔透镜散射幕。菲涅尔透镜的作用类似凸透镜，投影机透镜光心置于菲涅尔透镜的焦点或略远处，可使发散投射到屏幕的光线，透射光的高亮度光轴由发散转化为平行或略有聚合。加有菲涅尔透镜的散射幕使观看者感觉画面亮度均匀，耀斑效应明显改善。

（3）菲涅尔柱面透镜散射幕。设置垂直柱面透镜的目的是为了展宽水平视角。由于观看者有可能处在屏幕中心主光轴的偏左或偏右位置观看，此位置的亮度下降到主光轴亮度的 1/3 时，左右位置与幕中心为顶点可确定的水平角度为水平可视角。垂直设置的柱面透镜对垂直视角无明显影响，这与观看者高度差异范围较小的现实情况相适应。可视角的典型值为水平方向 60°～12°，垂直方向 10°～25°。

（4）抑制反射光的散射幕。各种背投影屏幕抗环境光干扰的能力要强一些。背投影屏幕在菲涅尔柱面透镜散射幕的基础上屏面层采用防划伤超硬树脂，前表面遍布微细而均匀的凹凸，并涂覆防反射膜，可大幅度降低对杂散环境光的反射；图 3-19 中垂直黑色条纹，柱面镜把透射光会聚通过黑条纹间隙无损失地射出，黑条面积不小于屏幕面积的 70%，以吸收杂散环境光。这种技术已应用于多种背投影屏幕中。

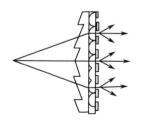

图 3-19　抑制反射光的散射幕

（5）黑栅背投影屏幕。在会展场所可以使用黑栅背投影屏幕。屏幕上的黑栅可以把来自屏幕上方的照明灯光充分吸收，从而保证观看者获得对比度、色度俱佳的图像。黑栅背投影屏幕的扩散层采用了世界先进的定向微表面结构扩散膜，扩散效率达到90%。即使多台投影机同时在屏幕上成像其亮度均匀性也有完美的表现。它结束了光学背投屏幕不能做图像融合的历史，可广泛适用于各种大厅、银行、商场、证券公司、展览会等地。同时黑栅背投屏还拥有双面成像特性，这使其同样可以适用于专卖店展示及机场、车站、室内广场广告大屏显示。图3-20是黑栅背投影屏幕示意图。

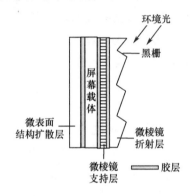

图 3-20　黑栅背投影屏幕示意图

（6）反射黑栅背投影屏幕。在厚 0.2mm 的透明无色基板上植入厚 0.002mm 的黑色反射板，反射板垂直于基板，呈无序排列，有大致方向。

若反射板间距为 0.05mm，则通光口径为 0.05-0.002=0.048mm，开口率为（0.05-0.002）/0.05=96%，具有很大的通光口径。反射黑栅背投影屏幕具有如下特点：

① 光线在光栅中的传递是由反射板反射来实现的，具有极低的光能损失，与其他折射型光栅相比，具有无色散的优点。

② 基板为高透过率材料，外界干扰光很容易通过，进入机箱后被机箱内的黑色衬底吸收。

③ 反射板垂直于基板，使光栅具有很黑的底色，提高了屏幕的

对比度。

④ 反射板无序排列，自然消除了它与菲涅尔透镜干涉而产生的摩尔条纹。

⑤ 完全消除了幕面的灰雾。

⑥ 具有很高的解像度。

⑦ 反射板与基板垂直度各板不一致，有±10°误差，使散射角增大了±20°。

3. 背投影屏幕选择

背投影屏幕的光学性能很重要，选择时需考虑下列因素。

（1）面均匀性：背投影屏幕中的菲涅尔透镜层就是为解决画面均匀性而设计的，它是目前解决画面亮度均匀性最好的结构。

（2）透过率：光线通过背投影屏幕后，光能要损耗，损耗的多少是屏幕质量评价最重要的指标之一。有些屏幕只可用于工程上，而不能应用于家用背投影电视上，其主要原因就是透过率差。在工程上可选用大流明的投影机，而家用机的流明数较小，不宜有较大的光能损耗。即使是工程中使用的屏幕，也是透过率较高的为好。市场上常见的背投影屏幕的透过率为 60%。

（3）对比度：对比度的高低是背投影屏幕的重要性能之一。前投影屏幕不能做到很高对比度，而背投幕上加设了柱面光栅及黑色镀膜，可以获得很高的对比度。目前又出现了提高对比度的新方法，如角度光栅、黑栅等。

（4）抗干扰性：在较强的外界光环境下要有较好的抗干扰能力，这样才能保持良好的对比度。

（5）解像度：在投射文字、图表等精密图像时，解像度就成为很重要的指标。解像度主要取决于屏幕制作时的菲涅尔透镜光栅的精细程度。对观赏一般图像来说，栅纹间距约为 0.5mm；对高清图像来说，所用屏幕其栅纹间距应小于 0.05mm。其测量方法是，将标准分辨力板投放于屏幕上，用望远系统看屏幕上能分辨的最细线条数。

（6）亮度系数：屏幕上亮度与出射光线亮度之比称为亮度系数。把散射角做小，可以得到很高的亮度系数，如驾驶员模拟训练器中只有一个观看者，散射角很小，亮度系数为 30 才好用，而一般投影屏幕的亮度系数为 3～5。

（7）散射角：屏幕出射的光线与屏幕垂线夹角越大，光亮度越小。若亮度为中心亮度 50% 的位置与中心轴夹角为 α_{50}，则散射角为 $2\alpha_{50}$。在商业宣传上常将"可观看"位置夹角 $2\alpha_{20}$ 称为散射角，选购屏幕时应对此加以注意（在与中心轴夹角为 α_{20} 位置上亮度仅为中心亮度的 20%）。一般 $2\alpha_{50}$ 为 30°～40°（α_{50} 仅为 15°～20°）。但可观看角可为 80°～130°。

（8）灰雾度：背投影屏幕是由多层结构组成的，如菲涅尔透镜、光栅及中间层等。光线透过屏幕时，会发生多次折射和反射，因而造成屏幕"灰雾"，即在画面表层出现一层灰雾掩罩的现象。无论程度轻重，背投影屏幕都会存在一些"灰雾"。最简单的散射幕反而灰雾度要轻一些。角度光栅、黑栅屏幕在很大程度上改善了"灰雾"现象。

4. 背投影屏幕材料

早期，背投影屏幕原材料主要以聚合能力较强并具有一定扩散性的 PMMA（polymethylmethacrylate，聚甲基丙烯酸甲酯）为主。由于材料较为单一，在制造上对其光学微细结构的设计要求非常苛刻，光学微细结构的形成必须借助模具及相关的配套生产设备才能完成。挤出成形与浇注成形是 PMMA 形成成品的两种加工方式，但相比而言，挤出成形具有较高的产能与效率，所以一般选择挤出成形加工方式。

近年来，随着光学设计及原材料的发展，采用两种或两种以上不同折射率的结构材料，如 PMMA+PS（Polystyrene 聚苯乙烯）、MS（聚丙烯酸酯有机—无机纳米复合材料）+PET（polyethylene terephthalate，聚对苯二甲酸乙二醇酯）、PET+PMMA、PET+PS 等制作背投影屏幕，解决了单一材料实现光的折射与扩散难度太大等问题。多种材料的使用，降低了因材料单一带来的复杂光学结构设计的难度。

另外，采用凸版印制方式配合光学微细结构，以及前、后贴膜等方式，同样也是利用两种以上不同折射率的光学物质来完成背投影屏幕的制造。

背投影屏幕是集化工、模具、光学、电子、印制多行业整合的产物，其制造技术是十分复杂的，并且其生产制造需要大型的生产设备及无尘的生产环境。由此可见，没有很大的投入几乎无法制造出具有完美功能的背投影屏幕。表 3-1 是几种背投影屏幕的结构。

表 3-1　几种背投影屏幕的结构

单一结构	单一材质基	双材质基	多材质基+印刷	多材质基+ 光学扩散物+印刷
散射屏	PMMA	PMMA+PS PET+ PMMA	PET+ PMMA+PS	棱镜+扩散膜
毛玻璃或 磨砂有机玻璃	柱面镜+ 条纹镜+菲涅尔	棱镜+菲涅尔	菲涅尔+棱镜	多焦距涡旋光场 设计+微球

思考题和习题

3-1　常用的匀光器件有哪些？

3-2　了解偏振光、偏振片、透光轴、吸收轴、线偏振光、圆偏振光和椭圆偏振光。

3-3　了解 PBS 棱镜、P 偏振光、S 偏振光、1/2 波片、1/4 波片和 PCS 转换器。

3-4　熟悉色轮、二向色分光镜等分色器件。

3-5　熟悉 X 合色棱镜、TIR 棱镜等合色器件。

3-6　为什么说 Philips 棱镜是一种分色、合色系统？

3-7　常用的前投影屏幕有哪几种？各有什么特点？

3-8　常用的后投影屏幕有哪几种？各有什么特点？

3-9　选择背投影屏幕要考虑哪些光学性能？

3-10　常用的背投影屏幕原材料有哪些？

第4章 CRT 投影显示

投影显示（Projection Display）是指由图像信息控制光源，利用光学系统和投影空间把图像放大并显示在投影屏幕上的方法或装置。根据显示器件形成图像的方式，投影显示可以分为发光型和调制型两类。

发光型投影显示是指显示器件上直接产生高亮度图像，再由光学系统投影至屏幕上观看，发光型投影显示有 CRT 投影显示和激光投影显示，常用的是 CRT 投影显示。

4.1 CRT 投影

CRT 投影显示技术是历史最悠久、最成熟的技术，目前还在不断发展与完善。CRT 投影是用投影透镜将小型高亮度 CRT 上的图像放大，在较大屏幕实现显示的装置。图 4-1 是 CRT 投影的示意图，图中红、绿、蓝三个单色的 CRT 中心位置的光经过投影透镜投射到屏幕中心。

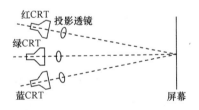

图 4-1　CRT 投影的示意图

4.1.1 高亮度 CRT 投影管

投影管采用大口径、高清晰度、大电流专用电子枪，对提高屏幕亮度和延长投影管的寿命起着关键作用。

内凸的负半径荧光屏可以有效加大图像的发光面积，能使屏幕四周的图像亮度提高 20%。与此同时，还能使画面亮度的不均匀性得到明显改善。

投影管屏幕上的荧光粉为含有稀土元素的合成材料，发光亮度比普通荧光粉增大数十倍，而且能在高亮度、高温度情况下长时间工作而不老化。

为了使三只单色投影管分别产生的红、绿、蓝三幅单色图像重合成一幅逼真的画面，背投影彩色电视机均设有数字会聚调整电路，分别产生符合要求的水平（或称东西）及垂直（或称南北）行、场会聚信号并加到会聚调整线圈上，实现三幅单色图像在投影屏幕上的完全重合。

目前背投式彩色电视机中使用的投影管有 15.2cm、17.8cm、20.3cm（6 英寸、7.5 英寸、8 英寸）等规格。一般说来，投影管荧光屏尺寸越大，画面亮度越高、越清晰。

由于投影管工作电流大、发光强度高，在正常工作条件下就会产生大量热量，使荧光屏温度升高。在没有外加散热措施的条件下，投射管屏幕荧光粉的表面温度高达 120℃～130℃。长期工作在如此高温下的荧光粉寿命会缩短，安装在投影管前面的由树脂组成的透镜会因过热而性能变坏，甚至烧毁。因此必须对投影管采取有效的散热措施，在荧光屏和透镜之间设置一个金属冷却腔，冷却腔内灌装透光率高、导热性能好的冷却液（冷媒）。投影管工作时所产生的热量通过冷媒的对流传递给冷却腔，再由腔体表面的散热片将热量散出。为提高光的透射率，冷却腔的外形设计成特定的形状，内部的冷媒和前面的 C 碗共同组成一个光学上的凹透镜，以有利于提高图像的亮度和改善图像的聚焦性能，如图 4-2 所示。

4.1.2 背投影型 CRT 投影电视机

背投影型 CRT 投影电视机将 CRT、投影透镜、镜子和屏幕等所有组成的零部件一体化，包容在一个机箱内，外观上与通常 CRT 方式

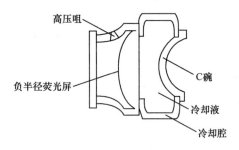

图 4-2 CRT 投影管冷却腔示意图

的电视机相似。图 4-3 是背投影型 CRT 投影电视机剖面图,为了缩短装置的进深,设有使光路折返的镜子。缩短投影透镜与屏幕间的光学距离(投影距离)可以减小进深,这样,背投型电视机可做到薄形化。

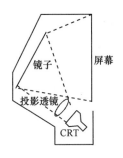

图 4-3 背投影型 CRT 投影电视机剖面图

CRT 投影的优点是图像细腻、色彩丰富、逼真自然、分辨力调整范围较大、几何失真调整功能较强。CRT 投影的缺点是亮度低、亮度均匀性差、体积大、质量小、调整复杂、长时间显示静止画面会使管子产生灼伤。CRT 投影在投影机中已经被淘汰,投影电视机仍用 CRT 投影。

4.2 失聚现象与克服方法

4.2.1 失聚产生的原因

CRT 投影彩色电视机中,三只投影管与屏幕的相对位置和角度互不相同,三个单色图像到屏幕的光程不同导致三者不能理想地重合在一起；投影管前面的透镜组件对不同波长的红、绿、蓝色光折射率不相同，加上光传输中固有的发散特性，必然造成图像的几何失真和失聚；三只投影管的偏转灵敏度及三组偏转线圈的参数不可能一致，三幅单色图像也就达不到理想的会聚。偏转线圈分布参数的差别，会造成单色画面的局部产生畸变，使会聚更加困难。

4.2.2 会聚的基本方法

（1）静态会聚。精确选择三只投影管的安装位置和角度，将失聚现象减小到最低限度；设置会聚机械调整构件，对投影管的安装角度（安装轴线）、偏转线圈的倾斜度进行微调，实现屏幕中心部位的会聚。

（2）动态会聚。设置专门的会聚调整电路产生会聚调整电流，通过投影管上的会聚线圈产生一个会聚调整磁场（相当于在偏转线圈上粘贴小磁片），分别对三只投影管中电子射束的运动轨迹进行极为精细的调整，实现整个屏幕上红、绿、蓝三个单色图像的精确会聚。

动态会聚电路包括会聚电流产生电路、会聚电流放大电路、会聚线圈与屏幕显示电路，屏幕显示电路用来产生会聚调整时所需要的方格信号和"十"字信号，既是调整用信号，也是会聚调整效果的检验信号。

会聚信号产生电路首先产生四种基本校正用波形：以行、场扫描逆程脉冲作频率基准，由 RC 电路产生的行、场锯齿波；由行、场锯齿波通过不同时间常数的 RC 积分电路形成的行、场抛物波；以行、场锯齿波为基准产生的行、场正弦波和行、场四倍频率正弦波。

然后利用由可变电阻器组成的矩阵电路，将四种基本波形变为 16 种以上的可供选择的混合波形的激励信号，经功率放大后分为行、场扫描两组共 6 路馈送给设置在三只投影管上的 6 只会聚线圈，这便是模拟会聚电路。模拟会聚调整电路中需要设置 60 只以上可调电阻，调整时要对这些可调电阻逐个进行反复多次地调试，因而相当麻烦。由于可调元件多，电路的工作稳定性差。

4.3 数字会聚电路

4.3.1 数字会聚原理

数字会聚电路由微处理器代替了由可变电阻器组成的矩阵电路，首先利用 A/D 转换器将上述四种基本波形的会聚校正信号变为数字信号；根据红、绿、蓝三种单色光栅在屏幕上的具体失聚情况，通过 I^2C 总线键入需要的数值，由微处理器进行数学运算自动形成具有最佳补偿效果的数字式会聚信号；然后通过 D/A 变换电路转换为模拟会聚信号，经功率放大后馈送给会聚线圈实现会聚调整。

数字会聚电路在电路之间采用 I^2C 总线彼此连接，结构简单，会聚调整点在 100 个以上，调整更精确，效果更好；生产中可通过计算机接口，自动进行数据写入和调整，大大提高了生产效率，产品性能一致性好；减少了元器件的数量，省掉了调整用几十个可变电阻器，电路稳定性较好。

数字会聚电路制成一个模块，背投彩电出厂前均已调整、设置好，使用中无需用户调整，背投彩电开机后的极短时间内，微处理器从存储器中取出已储存的会聚最佳数据，迅速将其调整好。自动会聚调整在日立公司生产的一些背投彩电中称为"魔术会聚"，索尼公司称为"数码快速聚焦"。

4.3.2 数字会聚电路的组成

数字会聚电路的组成如图 4-4 所示。

其中数字会聚信号处理电路由行、场扫描位置采样电路，A/D 变换器，行、场用修正波形发生器，组合运算电路等组成，能对行、场扫描信号位置采样，能适应 PAL、NTSC、HDTV 等彩电制式和隔行扫描、逐行扫描、VGA 等扫描格式，有六个 6bit 数字会聚校正信号输出，有专门用于会聚调整用方格、点、光标图案的输出，在 I^2C 总线控制下，具有会聚自行调整以及粗波和精波混合调整功能，还有一个

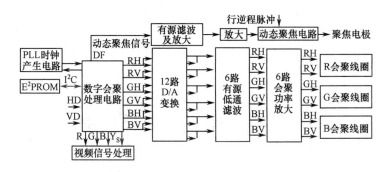

图 4-4　数字会聚电路结构方框图

模拟输出引脚用于动态聚焦。常用电路有 CM0006CF、CM0021AF 等。

PLL（Phase Lock Loop，锁相环）时钟产生电路是锁相环式压控振荡器与数字会聚信号处理电路中的 PLL 电路一起组成稳定的 13.5MHz 时钟信号发生器。

电可擦除、可编程存储器通过 I^2C 接口进行数据交换，用于存储标准的会聚校正系数。

输入的电视信号同步触发脉冲 HD、VD 或 VGA 同步触发脉冲 VGA-H、VGA-V，在其内部作为会聚同步及实时采样信号，所得采样点数据经过 A/D 变换后，首先产生会聚信号用的粗调波和细调波；在相应软件控制下，进行相当复杂的对比、运算、组合等"加工"后叠加成需要的行、场共六个数字会聚信号 RV、RH、GV、GH、BV、BH 经过 D/A 变换电路（为提高变换速度，两个变换器并联使用）变换成六个模拟会聚信号后，分别送到六个有源滤波器，滤除无用的高频时钟信号并经前置放大后，传输给会聚信号功率放大电路，放大后的模拟会聚信号送到 R、G、B 三只单色投影管的水平、垂直共六组会聚校正线圈。在 I^2C 总线控制下，通过键入相应的数值，便可消除光栅的几何失真及失聚现象，实现红、绿、蓝单色光栅的最佳会聚。

数字会聚处理电路还向视频信号处理电路输出会聚调整用的 R、G、B 单色方格信号、光标、调整菜单字符信号。这些信号在视频信号处理电路中经切换、放大后激励对应的投影管，在屏幕上显示出需要的会聚调整信号。

数字会聚电路的一般调整原则是：先"静"后"动"，先"绿"后"红蓝"、先"大"后"小"。即先进行静会聚调整，首先使红、绿、蓝三个单色光栅的中心与屏幕中心重合，并使屏幕中心区域实现会聚。然后，将动会聚调整信号馈送给投影管的会聚线圈，进行动会聚调整。无论是静会聚调整，还是动会聚调整，一般是以绿投影管会聚方格画面作基准，再依次进行红、蓝投影管会聚方格画面的调整。先"大"后"小"是指，将屏幕依次均匀地划分为 100～288 个调整区域，首先对屏幕上若干个均匀分布的大区域进行粗调，通过粗调完成 70%～80%的会聚校正及光栅几何失真校正，然后再对每个小区域进行调整，完成剩下的 20%～30%的会聚调整。另外，会聚调整应在红、绿、蓝三个单色光栅基本无几何失真的情况下进行。

会聚调整与视频信号的制式有关。制式不同，会聚调整过程也不一样，背投影彩色电视机只有完成不同制式信号的会聚调整后，才能正常显示各种制式的信号源。

4.3.3 自动会聚修正电路

背投影彩色电视机生产时会聚已调整到最佳工作状态，用户购买回家安装后，由于地磁场发生了变化，或受其他设备漏磁的影响，还可能在搬运过程中会聚调整机件发生微小的移动等原因，会聚发生偏差，造成红、绿、蓝三色不完全重合，图像出现可觉察的彩色镶边、色纯不良等失聚现象。自动会聚修正电路就是为解决这一问题而设置的。

自动会聚修正电路在屏幕四个边框中心交叉线上设置四个或八个光电传感器，记录下背投影彩色电视机工厂调试后处于最佳会聚状态时的各项参数并存储在存储器中；用户将背投影彩色电视机在家中安装好以后，接通电视信号并收到正常的彩色画面后，按一下面板上的自动会聚调整钮，背投影彩色电视机在微处理器的控制下自动执行自动会聚修正功能：首先测量出当前的工作状态，并与存储的最佳会聚状态时的有关参数相比较，进而计算出两者的差值并求出相对应的补偿量。然后驱动有关会聚电路，按补偿量的要求，将红、绿、蓝三个单色图像的会聚情况恢复到最佳状态。

自动会聚修正电路有的公司称为一键式自动会聚调整电路，也有的称为魔术会聚电路。

4.3.4　动态聚焦电路

无论是彩色显像管还是单色投影管，其屏幕上的各点到电子枪的距离是不一样的。这种结构必然给扫描电子束在整个荧光屏上的聚焦带来困难，通常的直流电压聚焦法只能保证荧光屏中心区域的理想聚焦。离中心越远，电子束的散焦越厉害，结果四周边缘部分画面的清晰度降低。单色投影管荧光屏的面积虽小，也存在上述失聚现象，经光学放大几十倍以后，散焦现象也很明显，所以背投影彩色电视机中普遍设有动态聚焦电路。

动态聚焦电路就是一个能使聚焦电压值随着扫描电子束运动而变化的电路，主要改善投影管屏幕边缘部位的电子束聚焦情况，从而实现扫描电子束在整个屏幕上的良好聚焦，达到整个屏幕上画面清晰度均匀一致。聚焦电压应由两部分组成：①直流聚焦电压，用它实现荧光屏中心区域的聚焦；②动态聚焦电压，是随着电子束远离中心而逐渐升高的变化电压，即它的波形应是抛物线状。将行、场扫描信号变为抛物波信号后，与直流聚焦电压相叠加成为一个复合的聚焦电压，只要其幅度变化合适，即可实现整个屏幕的良好聚焦。

动态聚焦信号来自两方面：①数字会聚信号处理电路内部产生的专用于垂直方向动态聚焦的信号 DF。该信号经有源滤波及放大后，又被进一步放大后馈送给动态聚焦电路，通过 I^2C 总线实现动态聚焦的调整；②行输出变压器输出的行扫描逆程脉冲，经积分变换成的行频抛物波电压，该动态聚焦信号直接送到动态聚焦电路，最后动态聚焦电路输出的行、场抛物波电压与直流聚焦电压相叠加送到聚焦极上。

CRT 背投电视的高亮度和精密聚焦，依靠 CRT 的近 3 万 V 高电压，而高压和 X 射线辐射的存在，是现代人们追求安全和环保的最大障碍。随着数字化的进展，以电子束扫描为技术基础的 CRT 投影电视，已经不能适应数字化高频率、高精度的要求，调制型投影显示成为开发研究的热点。

思考题和习题

4-1　通常对 CRT 投影管采取哪些散热措施？

4-2　CRT 投影彩色电视机中，图像产生几何失真和失聚的原因是什么？

4-3　CRT 投影彩色电视机中，图像会聚的基本方法有哪些？

4-4　简述数字会聚电路的原理和组成。

4-5　自动会聚修正电路是为解决什么问题而设置的？如何实现？

4-6　什么是动态聚焦电路？

第5章 液晶投影显示

5.1 液晶投影显示原理

5.1.1 液晶显示原理

1. 液晶

有一类有机化合物，加热至温度 T_1，会熔化为具有光学各向异性而混浊黏稠的液体；继续加热到温度 T_2，则变成光学各向同性而透明的液体。温度在 $T_1 \sim T_2$ 之间，呈现出液体的流动性和晶体的光学各向异性，所以这类物质称为液晶。它们既不同于不能流动的晶体，也有别于各向同性的液体。

液晶由棒状分子组成。这些分子以各种液晶特有的规则排列，但共同点是各分子的长轴平行，指向某一方向。正是由于液晶分子有指向性的排列，使其物理参数在分子长轴方向及其垂直方向取不同值。这种表征液晶物理特性的参数随方向而异的性质，称为液晶的各向异性。液晶的各向异性及其分子排列易受外加电场、磁场、应力、温度等的控制，从而得到了多种应用。

在外加电场作用下，由于液晶分子排列的变化而引起液晶光学性质改变的现象，称为液晶的电光效应。液晶显示器正是利用液晶的电光效应，实现光被电信号调制的。

2. 液晶显示器原理

液晶显示器（Liquid Crystal Display，LCD）是基于液晶电光效应的显示器件。最常用的是扭曲向列型（Twisted Nematic，TN）LCD。图 5-1（a）是扭曲向列型显示器的工作原理。TN LCD 在涂有透明导电层的两片玻璃基板间填充 10μm 厚的液晶，液晶分子在基板间排列成多层，在同一层内，液晶分子的位置虽不规则，但长轴取向都平行于基板，在不同层间，液晶分子的长轴沿基板平行平面连续扭转 90°，正是因为液晶分子呈这种扭曲排列，故称为扭曲向列型液晶显示器。然后上下各加一片偏振片，入射光侧的偏振片称为起偏振器，出射光侧的偏振片称为检偏器。起偏器的偏光方向与该侧表面的液晶分子轴方向一致，检偏器的偏光方向与起偏器的偏光方向相互垂直。当与起偏器的偏光方向一致的直线偏振光，垂直射向无外加电场的 TN LCD 时，如图 5-1（a）所示。此时由于液晶折射率的各向异性，入射光将因其偏振方向随分子轴的扭曲而旋转射出。若对液晶层施加适当的电场，且外加电压高于阈值电压时，液晶分子轴变为与电场方向平行，如图 5-1（b）所示。此时，液晶不再能旋光，检偏器把光遮断。这种

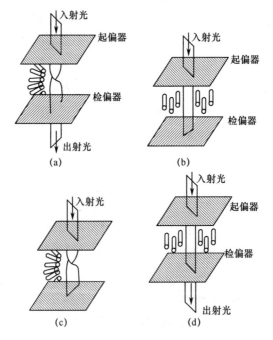

图 5-1　扭曲向列型显示器的工作原理

（a）常亮模式透光；（b）常亮模式遮光；（c）常暗模式遮光；（d）常暗模式透光。

平常光线能通过,液晶层加电场时光线不能通过的情况称为常亮模式。若两片偏振片的偏振光方向相平行，则透光、遮光的发生条件相反，称为常暗模式，常暗模式遮光、透光如图 5-1（c）、（d）所示。

液晶显示器用的液晶材料，在常温下即处于液晶状态。当液晶两端的外加电压升高时，电场强度 E 随之升高，使液晶分子排列方向与电场垂直改变为与电场平行时的电压称为阈值电压 V_{TH}。一般扭曲向列型液晶的 V_{TH} 为 2～3V。

STN（Super TN）型液晶，跟 TN 型液晶结构大体相同，只不过液晶分子不是扭曲 90°而是扭曲 180°，还可以扭曲 210°或 270°等，其特点是电光响应曲线更好，可以适应更多的行列驱动。

透明导电玻璃基板是一种表面极其平整的薄玻璃片，表面涂有 ITO（Indium Tin Oxide，掺锡氧化铟）膜，ITO 膜常温下具有良好的导电性能，对可见光具有良好的透过率，经光刻加工成透明电极图形，这些图形由像素图形和外引线图形组成，因此外引线不能用传统的锡焊，必须通过导电橡胶带进行连接。

3. 液晶显示器分类

根据所显示光的类型，液晶显示器件可分为：

（1）透射型显示。光源位于液晶显示板之后，用信号电压改变液晶显示板的光学传递特性来调制光源透过液晶发出的光强度时，由透射光的光强显示信号电压的信息。液晶电视机多采用透射式显示方式，在大屏幕液晶投影电视设备中，可再经光学系统放大，投影到屏幕上。

（2）反射型显示。光源位于液晶板之前，在液晶层的底面基板上设有反光板。当信号电压调制液晶的光学传递特性时，由反射光的强弱显示信号电压的信息。

（3）投影型显示。将液晶屏看作幻灯片，透过此幻灯片的光被图像信号调制，再经光学透镜放大后，投射到屏幕上。观众可以在投射侧的投影屏幕上观看到放大的图像，也可以在投射面之后的投影屏幕上观看放大的图像，液晶投影机就是投影型显示。

4. 液晶显示器的特点

液晶显示利用液晶的电光效应，用信号电压改变液晶的光学特性，造成对入射光的调制。使用液晶显示器件时，应注意以下特点：

（1）液晶显示器件本身不发光，它必须有外来光源。这种光源可以是高照度的荧光灯、太阳光、环境光等。

（2）液晶材料的电阻率高，流过液晶的电流很微小，所以液晶显示器电源电压低，一般为 3～5V。驱动功率小，一般为 $\mu W/cm^2$ 级，能用 MOS 集成电路驱动。

（3）液晶光学特性对信号电压响应速度慢（TN 型液晶的响应时间为 80ms，薄膜晶体管有源矩阵的响应时间为 50ms），但最新出品的大屏幕液晶显示模块的响应时间已达到 8～25ms。

（4）直流电压驱动液晶屏会引起液晶分子电化学反应，缩短液晶寿命。为避免这种电化学反应，必须使用交流电压驱动液晶屏，交流驱动电压波形应无平均直流成分。

（5）电视台广播的电视信号针对显像管的非线性作了非线性预先校正，而液晶显示屏的电光转换特性近似线性。为使接收到的电视信号在液晶屏上显示为无灰度畸变的电视图像，应将接收到的电视信号经过非线性校正，再送到液晶屏上显示。

显像管的非线性系数 $\gamma=2.2$，为使电视系统总的 $\gamma=1$，在摄像机的前置放大级，加了一个 $1/\gamma=1/2.2$ 的预校正电路。所以液晶电视机的视频放大级应有一个 $\gamma=2.2$ 的非线性校正电路。

（6）液晶显示器件是由两层透明电极板之间夹一层液晶组成，与电容器的结构相似。对于驱动信号源来说，液晶器件是容性负载。

5. 彩色液晶显示屏的结构

彩色液晶显示屏通过着色工艺将 R、G、B 三种色素沉积在玻璃基板内表面，形成纵向排列三基色滤色片或嵌镶式三角形排列三基色滤色片，如图 5-2 所示。

图 5-3 是彩色液晶显示屏的横剖面示意图。起偏振片和检偏振片

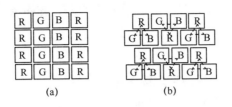

图 5-2　三基色滤色片

（a）纵向排列；（b）嵌镶式三角形排列。

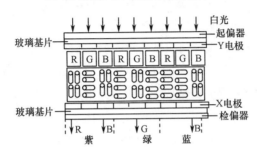

图 5-3　彩色液晶显示屏的横剖面示意图

的偏振方向相同，TN 液晶阀中掺有黑色染料分子，有利于关闭滤色片，使其不透光。不加电场时，液晶分子与上、下基片表面平行，但 TN 液晶分子在上、下基片之间连续扭转 90°，使入射液晶的直线偏振光的偏振方向通过液晶层时，沿液晶分子扭转 90°，因而出射光的偏振方向垂直于检偏振片的偏振方向，结果出射光被遮断。

当透明的 Y 电极与 X 电极之间加的电压大于液晶的阈值电压时，外加电场改变 TN 液晶分子的排列方向，液晶分子轴与电场方向平行，液晶的 90° 旋光性消失，如图 5-3 左边第一个 R 滤色单元，入射白光经 R 滤色单元透过检偏振片，出射 R 色光，结果在出射端能看到红基色光。当一组 R、G、B 三基色滤色单元之中有 1~3 个滤色单元能使入射白光被其滤色而透过检偏振片时，在出射端就能看到 1~3 种基色光的相加混色。这里 TN 型液晶对基色光起控制阀门的作用。

6. 液晶投影光阀

20 世纪 80 年代末、90 年代初兴起的液晶投影显示发展非常迅速，不仅能实现高亮度和高分辨力的大屏幕显示，在图像对比度、稳定性等方面性能良好，而且体积小、质量小、灵巧、方便，是一种较为理想的显示技术。

液晶投影的原理是把光源发出的光束照射在小型液晶元件（光阀），再将因液晶光阀形成图像放大投影到屏幕上。液晶投影仪由光源、照明光学系统、液晶光阀、投影光学系统和屏幕组成。

光源一般采用高亮度放电灯（High Intensity Discharge，HID），附加与之一体化的反射碗。照明光学系统由复眼、聚光镜、分色器件等组成，将光源发射的光束导向液晶光阀。关键部件液晶光阀（Light Valve）是使光线通过、切断或调制的元件（光的阀门），也叫空间光调制器。投影光学系统将液晶光阀形成图像信息光束放大投影到屏幕上。

进入光阀的输入信号（图像信息）的地址（写入）方法有：①用 p-SiTFT 或 c-Si MOSFET 等半导体集成电路的电地址方式；②用小型显示元件的光学像或激光束等写入的光地址方式；③用真空中的电子束扫描来写入信息的电子束地址方式。这些方式要控制独立光源发出的光束并放大显示到屏幕上。与自发光型 CRT 投影仪比较，由于所使用的光源具有能增加显示画面尺寸及亮度的特性，所以很适合大屏幕显示。

5.1.2　液晶投影机电路构成

图 5-4 是液晶投影机的组成结构方框图。液晶投影机由视频接口电路、液晶驱动电路、液晶光学引擎和附加电路等组成。

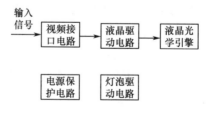

图 5-4　液晶投影机的组成结构方框图

本节介绍视频接口电路，液晶驱动电路、液晶光学引擎和附加电路在后面各节介绍。

视频接口电路的主要功能是对外部输入的不同格式的图像信号进行解码、数字化和格式转换等处理，以满足后级存储驱动显示电路对信号格式的要求；同时产生同步、消隐、数据时钟等信号以及实现遥控、屏幕显示的控制功能。图 5-5 是液晶投影机视频接口电路框图。

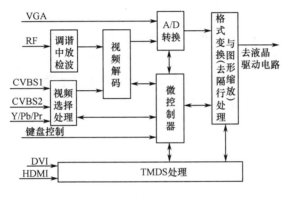

图 5-5　液晶投影机视频接口电路框图

VGA 信号是计算机输出的模拟的 R、G、B 信号以及复合消隐和复合同步等信号，此信号不需要视频解码直接送 A/D 转换电路将模拟的 R、G、B 等信号转换成数字信号，再经格式变换电路的去隔行和缩放处理后输出给液晶驱动电路。

多路视频全电视信号 CVBS、Y/Pb/Pr 或 Y/C 信号，经视频选择处理电路选取一路视频后由视频解码电路解码出 R、G、B 等信号；解码输出后的信号流程同 VGA 信号处理过程。

RF 输入的是射频电视信号，先经调谐电路调谐接收射频信号，高频放大后经混频输出中频信号，中频信号放大后检波得到全电视信号 CVBS。然后送后面的视频解码、解码输出的信号流程同 VGA 信号处理过程。目前大多数投影机无 RF 输入。

数字视频（DVI）接口和 HDMI 接口主要用于接收从数字设备传送来的数字信号，这种数字信号的传输方式采用的是 TMDS 转换最少化差分信号。接收的 TMDS 信号由 TMDS 信号处理电路进行解码等处理输出 R、G、B 信号，信号本身已经是数字信号，直接送格式变换，然后输出到液晶驱动电路。

1. 视频解码

视频解码就是将彩色全电视信号 CVBS 解码得到三基色信号 R、G、B。

1）模拟视频解码

模拟视频解码就是对输入的视频 CVBS 信号先进行 Y/C（亮/色）分离，再将色度 C 信号分离出 U（B-Y）和 V（R-Y）信号，然后在矩阵电路中将 Y、U、V 进行计算，以获得模拟的 RGB 信号，再送到外部 A/D 转换电路，将模拟信号转换为数字信号。图 5-6 为模拟视频解码电路的结构示意图。

常用的模拟解码芯片有 TB1274AF、TDA9321、TDA12029、TDA15063 等，其中，TDA12029 和 TDA15063 为超级芯片，不但集成有视频解码电路，还具有 MCU 的功能。

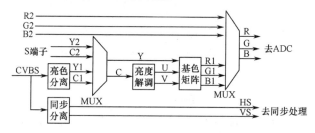

图 5-6　模拟解码电路的结构示意图

2）数字视频解码电路

数字视频解码就是先用 A/D 转换电路对模拟视频信号进行数字化处理，然后进行 Y/C 分离和数字彩色解码，以获得数字 Y、U（B-Y）、V（R-Y）或数字 RGB 数据。图 5-7 为数字视频解码电路结构示意图。

数字视频解码芯片有专用的数字解码芯片 SAA717X、VPC3230D、PW3300 等；也有集数字视频解码与去隔行、图像缩放功能在一起的视频解码与控制芯片如 SVP-EX、SVP-PX、SVP-LX、SVP-CX 等；

90

还有将 A/D 转换器、MCU、视频解码器、去隔行处理、图像缩放、LVDS 发送器等多个电路于一体的全功能超级显示控制芯片如 FLI8532、PW328 等。

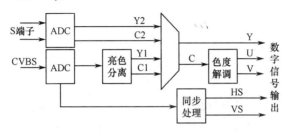

图 5-7　数字视频解码电路结构示意图

2. 去隔行处理与图像缩放电路

1）去隔行处理电路

为了在有限的频率范围内传输更多的电视节目，广播电视中心设备通常都采用隔行扫描方式，即把一帧图像分解为奇数场和偶数场信号发送，到了显示端再把奇数场信号与偶数场信号均匀镶嵌，利用人眼的视觉特性和荧光粉的余辉特性，就可以构成幅清晰、稳定、色彩鲜艳的图像。

隔行扫描方式降低了视频带宽，提高了频率资源利用率，对数字电视系统来说，也降低了视频信号的码率，便于实现视频码流的高效压缩。随着科学技术水平的提高，人们对视听产品的要求越来越高，电视系统由于隔行造成的缺陷越来越突出，主要表现为行间闪烁，低场频造成的高亮度图像的大面积闪烁，高速运动图像造成的场差效应等，投影放大后尤为明显。必须把隔行寻址的视频信号，通过去隔行处理电路转变为逐行寻址的视频信号。

场顺序读出法将 50Hz 隔行变换为 50Hz 逐行扫描时，先将隔行扫描的奇数场 A 的信号以 50Hz 频率（周期 20ms）存入帧存储器中，将偶数场 B 的信号也以 50Hz 频率（周期 20ms）存入同一个帧存储器中，存入方法是将奇数行与偶数行相互交错地间置存储。这样，把两个场信号在帧存储器中相加，就形成一幅完整的一帧画面 $A+B$。在读出时，按原来的场频（50Hz）从帧存储器中逐行读出图像信号 $A+B$，40ms 内将 $A+B$ 读出两次，这样循环往复，将形成的 1，2，3，4，…，625 行的逐行扫描信号输出。实际上，场频并末改变，只是在场中将行数翻倍。

场顺序读出法采用帧存储器，将两场隔行扫描信号合成帧逐行扫描信号输出。由于行数提高一倍，所以消除了行间闪烁现象，但由于场频仍然为 50Hz，大面积闪烁依然存在。

50Hz 隔行变换为 60Hz/75Hz 逐行扫描的原理是：采用帧存储器将两个隔行扫描的原始场，以奇数行和偶数行相互交错地间置存储方式，存入一个帧存储器中，形成一帧完整的图像。读出时，以原来的场频或 1.2 倍（60Hz）或 1.5 倍（75Hz）场频的速度，按照存入时第一帧、第二帧……的顺序，逐行从帧存储器中读出一帧帧信号。由于行数增加，行结构更加细腻，行闪烁现象更不明显。同时，由于场频提高，大面积闪烁现象得到有效消除。60Hz/75Hz 逐行扫描虽然成本较高，但解决了大面积闪烁问题，提高图像清晰度的效果更好，所以实际应用较多。

2）图像缩放处理电路

投影机输入的信号种类较多，既有传统的模拟视频信号，也有高清格式视频信号，还有 VGA 接口输入的不同分辨力信号，而投影机的分辨力却是固定的，需要将不同图像格式的信号转换为投影机固有分辨力的图像信号。这项工作由图像缩放处理（SCALER）电路来完成。

图像缩放的过程非常复杂，大致过程是：首先根据输入模式检测电路得到的输入信号的信息，计算出水平和垂直两个方向的像素校正比例；然后，对输入的信号采取插入或抽取技术，在帧存储器的配合下，用"可编程算法"计算出插入或抽取的像素，插入新像素或抽取原图像中的像素，使之达到需要的像素。

例如，1080p 格式变换成 720p 格式，1080p 表明行的总像素有 1920 个，垂直方向有 1080 行，是逐行方式的；720p 表示每行有 1280 个像素点，帧内扫描线有 720 线，逐行扫描；将每帧内 1080 行中的每三行抽取一行，这样将有 360 行抽掉，余下 720 行；同时，每行的像素点依次采取每三个像素点抽掉一个，便实现了 1920 个像素点转变为 1280 个像素点。

独立的去隔行处理芯片和独立的 SCALER 芯片很少，它们一般集成在一起，此类芯片一般称为显示控制芯片，常见型号有 FLI2300、FLI2310、PW1220、PW1230、PW1231、PW1232 等。有时去隔行处理电路、SCALER 电路还和 MCU 集成在一起，常见型号有 PW112、PW113、PW118、PW130、PW164、PW166、PW181、PW1306、PW318、GM1501、GM1601、GM1602 等。还有些芯片除集成有去隔行处理电路、SCALER 电路和 MCU 外，还集成有视频解码等电路，此类芯片一般称为全功能超级芯片，常见型号有 MST718BU、MST96889、MST9U88LB、MST9U89AL、FLI8125、FLI8532、FLI8548、FLI8668、FLI 30602、PW106、PW328、MT8200、MT8201、MT8202、TDA155××等。

5.1.3 透射式液晶投影光学引擎

透射式液晶投影系统如图 5-8 所示，是利用光源穿过 LCD 做调制，因此会有高能量的光照射在 LCD 上，要有高透射率才能使投影亮度提高，但是受限于 LCD 本身结构设计问题，偏光片、液晶、玻璃等都会吸收透射光能量，作为像素点开关控制的三极管被安置在液晶板的相应位置上，三极管自身要阻挡部分入射的光线，因此开口率（Aperture

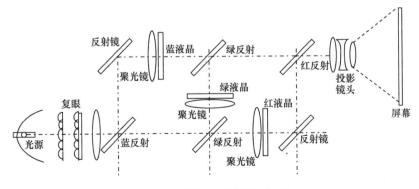

图 5-8　透射式液晶投影示意图

Ratio，像素透射光或反射光面积与像素总面积之比）不高，约为 50%。另外因为 TFT-LCD 所利用的是偏振光，其透过率不高，亮度和分辨力都受到一定的限制。

5.1.4 反射式液晶投影光学引擎

用 X 棱镜的反射式液晶投影系统如图 5-9 所示，由光源发出的光，通过复眼积分器、分色系统和偏振转换系统将白光分成红、绿、蓝三色光，三个偏光分离 PBS 分别配置在红、绿、蓝的光阑前。S 偏振光被 PBS 反射，分别照在 R、G、B 三块液晶板上，图像信号由驱动电路写入三块液晶板中，由各液晶板将入射 S 偏振光调制成 P 偏振光，通过 PBS 后，由 X 立方棱镜进行色合成，最后由投影物镜投射到屏幕上形成显示彩色图像。由于使用反射式 LCD，因此必须要在反射面下制造驱动晶体管，晶体管不会阻挡反射光，LCD 能使用两倍于透射式投影机的面积，所以能提高开口率、亮度与精度。但是多出三个 PBS，LCD 的安装也需要更高的准确性。

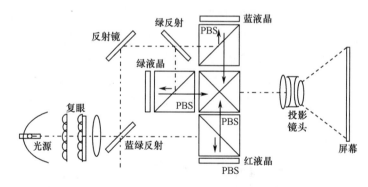

图 5-9 用 X 棱镜的反射式液晶投影示意图

5.2 液晶投影的显示驱动电路

液晶投影的 LCD 板驱动电路可分为取样保持式驱动电路和锁存式驱动电路两大类。

5.2.1 取样保持式驱动电路

取样保持式驱动电路先把图像处理级输出的数字视频信号转换成模拟信号，经过一系列处理后，采用对模拟信号的取样和保持的方法，并控制顺序形成 6 或 12 路视频信号，经缓冲级同时送到某个基色的液晶显示板。

图 5-10 是取样保持式 LCD 驱动电路框图。经图像处理级对数字视频信号进行各种处理后，输出各个基色分量的数字视频信号。在取样保持驱动电路中，先对其进行 D/A 转换变成模拟的视频信号，接着进入钳位级钳位，钳位电压可调。γ放大级具备独立的 R、G、B 伽马校正。信号经驱动输出后，进入翻转放大级，根据输入控制信号 FRP 决定视频信号被翻转或不翻转放大。模拟视频信号通过取样保持群组，将时间顺序信号转换成 6 路或 12 路周期并行的视频信号,取样保持群组由顺序控制器进行适当控制。最后，这些视频信号通过固定增益的缓冲放大器输出，直接驱动 LCD 板。

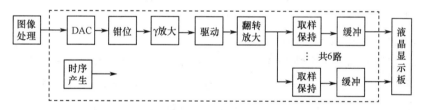

图 5-10 取样保持式 LCD 驱动电路框图

图 5-11 是一种实际的 XGA 液晶投影机的取样保持式显示驱动电路框图，由图像处理级输出的数字 RGB 图像信号，经过 D/A 转换器转变为三路 RGB 模拟信号，送到液晶显示信号预处理器 CXA2111R，该芯片包含了伽马校正和增益放大，并提供偏置，还可通过 I^2C 总线和外部调节端子进行调整。它的输出是液晶显示驱动器 CXA3512R 的理想输入，CXA3512R 包含行翻转放大器和模拟多路分离器以及它们所需的时序发生器和输出缓冲器,通过总线还可调整取样保持等功能，六片 CXA3512R 分别驱动红绿蓝三块液晶板 LCX029。

95

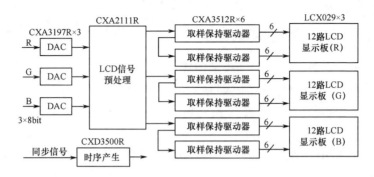

图 5-11　一种实际的取样保持式 LCD 驱动电路框图

5.2.2　锁存式驱动电路

锁存式驱动电路直接对数字视频信号进行顺序控制并锁存，形成 6 或 12 路数字视频信号，然后经过 D/A 转换成多路模拟视频信号，经放大后输出给各个基色光液晶显示板。

图 5-12 是锁存式 LCD 驱动电路方框图。由图像处理级输出的三基色 10bit 数字视频信号先进行数字式伽马校正，经放大后进入 6 路 2 级寄存器进行按顺序锁存。利用锁存的数字数据有效地替代了取样保持功能。然后，高速 10bit 宽带信号由输入命令控制，顺序地加载到 6 路精确的高速双极性 D/A 转换器。在 DAC 级还进行满幅电压控制。转换后的模拟视频信号进入输出放大级，该级为精确的电流反馈放大器，能提供优良控制的脉冲响应，并快速设定电压给 LCD 显示板的大电容负载。

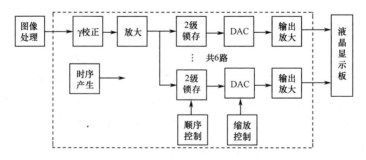

图 5-12　锁存式 LCD 驱动电路框图

96

图 5-13 是一种实际的 XGA 液晶投影机的锁存式显示驱动电路框图，LCD 信号处理级具有伽马校正、可选延迟线及时序发生等功能。由LCD 信号处理级输出的 RGB 数字信号直接进入十位驱动器 AD8381。AD8381 提供了快速 10bit 缓存的数字输入，驱动 6 路高电压输出。10bit 输入命令顺序地加载到 6 路分开的高速双极性 DACs。对于较高清晰度显示，灵活的数字输入格式使得 AD8381 可多个并行使用，如图中每种基色用两块 AD8381 组成 12 路的 XGA 显示格式。

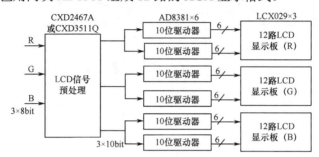

图 5-13　一种实际的锁存式 LCD 驱动电路框图

采用锁存式 LCD 驱动电路具有较高输出精度，从而提高了图像质量；系统集成度较高，升级容易；具备较高的灵活性，适应性强；功率损耗较低，产生热量少；所用 IC 数量少，整体成本较低。

从产生干扰误差的角度来看，取样保持式驱动电路有 6 个模拟误差来源：3 个 CXA3197R 及其 3 根输出印制板线条；锁存式驱动电路只有 CXD2467A 或 CXD3511Q 一个 IC 模拟误差产生源。由于锁存式 LCD 显示驱动电路具有以上优点，该驱动电路逐步被 LCD 投影机生产厂商采用。

5.3　液晶投影显示附加电路

5.3.1　电源保护电路

投影机的电源电路分为两大部分，一部分是投影机的整机电源，它输出一个 370V 的直流电压给投影机灯泡驱动电路，它还为投影机的各种电路的工作提供稳定的直流电压，投影机的整机电源电路是开关电源电路,要求开关电源无干扰,而且输出电压稳定,输出电压有+32V、+12V、+8V、+5V等;另一部分为投影机灯泡驱动电路,为灯泡提供开灯时的高压脉冲电压和正常工作时的交流低电压。

在电源电路中有风扇控制电路和灯电源控制电路。风扇控制电路是控制 LCD 投影机中的冷却风扇电源的,在 LCD 投影机中的液晶面板、投影灯泡、电源、投影灯电源等处均装有冷却风扇,用以散热。只要有一个风扇不工作(停止转动),整机电源都要被关闭,以保护投影机不被损坏。为了保证安全,一旦灯出现故障,如灯冷却风扇停转或灯温突然升高,灯电源将自动关闭。灯电源控制电路是保证灯稳定工作和灯工作寿命的关键,不同厂家的投影灯配套自己的灯电源控制电路,它们之间是不能互换使用的。

在投影机的电源电路中设计有安全保护电路。整机电源开关接通,冷却风扇马上转动,开始风冷工作;当整机电源处于待机状态时,该投影机灯泡首先熄灭,随后开关电源停止工作,但是冷却风扇仍继续工作大约 3min 后,整机电源才关闭。这是因为在投影机工作时,投影灯泡及光机中和电路中一些发热或受热部件,以及元器件特别是投影机的灯泡的温度还都很高,需要对它们进行冷却,以免影响它们的使用寿命。当投影机工作中某个冷却风扇出现故障而不转动时,该风扇立刻发送一个信号给整机电源,电源马上关闭,投影机灯泡立刻熄灭,以保证投影机不会因过热而损坏。投影机的电源电路框图如图 5-14 所示。

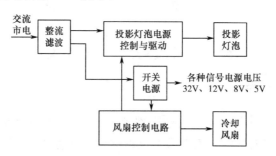

图 5-14　投影机的电源电路框图

5.3.2 灯泡驱动电路

投影机灯泡驱动电路，通常称为灯激励器或灯镇流器，它是专为点亮投影机的灯泡并保持它正常发光工作的专用部件，一般都是由灯泡生产厂商与灯泡一起配套提供。

灯激励器的作用有两个：①产生脉冲高压，用以点亮投影灯泡；②当灯被点亮后，维持灯的正常发光。由于灯在触发点亮时和正常工作时的状态不同，如150W灯，启动时的启动电流有数十安培，刚点亮时灯压降只有十余伏，而灯电流有4A，正常运转时灯压降为60～80V，灯电流为2.5A，由灯的工作状态可知，灯激励器要求有高电压脉冲用以点灯，点亮后要求由低电压维持工作。同时，在灯点亮时和正常工作时灯电流必须进行控制，不能太大，否则会把灯损坏。因此，灯激励器中必须有电流调制电路，电流调制电路的作用就是保证在灯点亮时用高压脉冲点灯且电流不能太大，而在正常低电压工作时要维持较大电流，使灯能正常发光。

UHP灯的灯激励器有两种：一种是用低频高压脉冲点灯，低频方波电压维持灯正常工作；另一种仍用低频高压脉冲点灯，维持灯正常工作则为直流电压。飞利浦公司多采用前者，而有些公司如松下则采用后者。

图5-15是飞利浦公司用低频方波工作的灯激励器电路框图。从投影机整机电源来的370V直流电压先经过滤波，再进入电流调制器，电流调制器的工作受调制信号发生器产生的调制信号的控制，电流调制器相当于一个恒流源，输出的信号经滤波后送入脉冲高压和低频方波发生器电路。该电路产生的20kV高压脉冲大约有20个周期，送到超高压汞灯作为点灯用，点灯时间不超过4s，也就是说，在小于4s的时间内灯必须点亮；若点不亮，必须立即关机，检查原因。灯点亮后，低频方波发生器产生频率为150Hz±30Hz、脉冲宽度为250μs±15μs、幅度约为60V的脉冲方波加到灯电极上维持灯正常

发光。

用低频方波工作的灯激励器的优点是灯电极放电对称，有利于延长电极的寿命，灯电流的波峰低、发光稳定，但电路复杂。

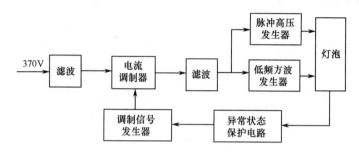

图 5-15　用低频方波工作的灯激励器电路框图

5.4　LCD 投影机实例

5.4.1　爱普生投影机的深度服务

2000 年，在信息化教学政策的指引下，我国各高校开始了电教化改造，对以投影机为代表的多媒体课件的需求得到集中释放，先入为主的爱普生投影机几乎成为了那个时期教育行业的指定用机，销量也节节攀升。爱普生在教育行业的突破激活了整个投影市场。随着爱普生推出经济型投影机 EMP-S1，市场整体价格进一步下探，投影机在中国迎来了发展的繁荣期。

为了解决教育投影机的防尘散热问题，爱普生在教育行业采用了全面的防尘设计，通过全密封防尘结构设计及内部优化的冷却风道组合，配以静电型高效空气过滤网抵制外界粉尘入侵，达到 99.5%的高效防尘率。在快速发展的商用市场，爱普生的创新功能开发出独有的零秒关机、即时关机功能、滑盖功能、"无 PC 演示"以及"多屏幕演示"等新功能。

爱普生还非常重视销售及售后服务。粉尘严重的教育行业，投影机遇到最多的粉尘污染是简单的清洁、除尘不能解决的，一般需要更换新的光学组件或者选购新产品，而爱普生提供了光学组件复新服务。用户只需支付 20%～30%的价格，就能获得超过新品性能80%以上的复新品，帮助用户少花钱多办事，在有限成本下获得最大利用率。

2004 年爱普生投资 700 万建立了投影机光学引擎的专门复新机构。在达到 10 万级标准的无尘车间，工程师会对光学组件内部进行彻底的清洁，老化部件会全部进行修复或者更换。然后再经过严格的画质调校，可以使得本已"黯淡无光"的投影效果得到很大的改善。

此项"复新"服务的主要内容包括：对投影机腔体内的液晶片组件、镜片细致地清洁与除尘，检查镜片和其他光学部件的老化程度以及主板是否损坏，如果光学部件老化严重或者主板已经损坏，则进行部件更换；对光学组件输入画质程序进行调整是关键的一个环节，使用 ORD（Optical axis Regulation Device，画质调整）设备进行画质调整后，投影效果便有质的飞跃；对光学组件进行 30min 的老化测试，以确认复新后的产品亮度、色彩、画质是否明显改善；最后，质量检查员对复新产品以高规格的出厂标准进行核对。

爱普生还为复新服务建立了一套完整的质量体系。第一步，对送修的投影机做全面的故障检查：如果是灰尘超标则进入"清洁引擎"，如果有质量问题则进入"维修引擎"。第二步，对复新后的产品进行严格检查，尤其是画质方面的检查。第三步，在最终检查后再进行抽样检查。第四步，确认维修批次后进行备件包装，并进行出库前的检查。

5.4.2　爱普生 EH-TW8515C 投影机

EH-TW8515C 是爱普生 2013 年推出的支持 3D 和全高清无线传输功能的家用投影机。标称亮度高达 2400lm，动态对比度在打开自动光圈时能达到 320000∶1。该机可以大范围地镜头位移，水平位移达 47%，垂直位移达 96%，镜头的光学位移不会对图像的质量造成任何影响。

爱普生 EH-TW8515C 采用前排风设计，投影机的通风口位于其正前方，可以将投影机放置在狭小的空间内，或者紧贴墙壁安装，而无需担心投影机的通风问题。配合大范围的镜头位移功能，投影机的安装位置会非常灵活。

爱普生 EH-TW8515C 采用了 Wireless HD 技术（无线高清传输）摆脱了线缆的束缚，投影机安装变得轻松、简单，用户不用考虑布线，又可以减少线材过长造成的信号衰减，还能节省一部分预算，打造一个整洁、漂亮的影音室。无线高清发射器有 5 个 HDMI 输入、1 个 passthrough 输出、1 个数字音频输出。用户只需将 5 路信号同时接入无线高清发射器，通过遥控器选择输入源，无需再插拔线缆，省时又省力。

爱普生 EH-TWSSISC 特意采用了 E-TORL 灯泡以及最新的高温多晶硅液晶面板，因而具备了 2400lm 高亮度。亮度得到了大幅提升，从而可以轻松输出清晰、明亮的影像。

爱普生 EH-TW8515C 采用液晶邃影技术可以精确控制通过液晶板的偏振光线，投影出墨黑色，同时黑色灰度表现更优秀，影像的通透感达到前所未有的程度。

爱普生 EH-TW8515C 由于采用了 480Hz 驱动技术，极大地降低了 3D 眼镜的信号中断时间，从另一方面有效提高了 3D 模式下的投影亮度，480Hz 光学引擎 3D 模式下的亮度比前代产品最高提升 15%，确保更好的投影效果。

3D 技术没能实现迅猛发展，片源稀缺是重要的因素。爱普生在 2D 片源上做文章，开发出采用液晶技术独家的 2D 转 3D 功能，无论是蓝光机还是计算机，通过 HDMI 接口连接至 EH-TW8515C，就可以实现 2D 转 3D 功能，转换效果还可以选择强、中、弱三种景深范围。高清视频和 3D 游戏显示效果出色。表 5-1 是 EH-TW8515C 投影机的主要技术参数。

表 5-1 EH-TW8515C 投影机的主要技术参数

投影系统			RGB 光阀式液晶投影系统
投影方式			前投/背投/吊顶
主要部件技术参数	LCD	尺寸	0 74 英寸，带微透镜（D9，C2 Fine，12bit，OD）
		像素数	2073600 点（1920×1080）×3
		实际分辨力	1080p
		纵横比	16:9
		刷新率	192Hz～240Hz（2D），400Hz～480Hz（3D）
	投影镜头	类型	手动光学变焦/手动聚焦
		F 值	2.0～3.17
		焦距	22.5mm～47.2mm
		变焦比	1～2.1
		镜头盖	电动滑盖
	灯泡	类型	230W UHE（E-TORL）
		参考寿命	4000h（标准亮度模式），5000h（环保亮度模式）
屏幕尺寸（投影距离）			30～300 英寸（0.87～19.15m）
镜头移动范围	垂直		−96.3%～+96.3%
	水平		−47.1%～+47.1%
亮度	白色亮度		2400lm
	色彩亮度		2400lm
对比度			320000:1
3D 格式	Frame Packing		1080p 24，720p 50/60
	Side by Side		1080p 50/60，1080i 50/60，720p 50/60
	Top and Bottom		1080p 24，720p 50/60
WirelessHD			支持
2D 转 3D			On/Off
兼容视频格式			480i/576i/480p/576p/720p/1080i/1080p NTSC/NTSC4.43/PAL/M-PAL/N-PAL/PAL60/SECAM
色彩模式			动态，起居室，自然，影院，3D 动态，3D 影院
调节功能			Gamma 调节，6 轴色彩调节，超级分辨力（仅适用于 2D），爱普生超级白，帧插补（仅适用于 2D），8:8 pull down（1080/24p），3D 景深调整等
图像外观			自动/正常/全屏/缩放/宽屏
梯形校正			垂直：−30°～+30°

	投影系统	RGB 光阀式液晶投影系统
	投影方式	前投/背投/吊顶
	接口类型	HDMI×2, VGA×1（D-sub 15pin），RCA×3（红/绿/蓝），RCA（黄）×1, RS-232C×1, RJ45×1, Trigger out×1
	操作温度	5～35℃
	操作海拔	0～2000m（超过 1500m 区域：应用于高海拔模式）
	储存温度	−10～60℃
	直接开机	有
防盗	Kensington 锁	有
	电源电压	100～240V AC±10%，50/60Hz
功耗	标准亮度模式	340W
	环保亮度模式	278W
	待机模式	8.4W
	尺寸（长×宽×高）	395mm×466mm×158mm
	质量	约 8.6kg
风扇噪声	标准亮度模式	32dB（色彩模式：动态）
	环保亮度模式	22dB（色彩模式：剧院）

思考题和习题

5-1　什么是液晶和液晶的电光效应？

5-2　简述扭曲向列型显示器的工作原理。

5-3　简述液晶投影的原理和液晶投影机的组成。

5-4　视频接口电路的主要功能是什么？

5-5　场顺序读出法是如何进行去隔行处理的？

5-6　图像缩放处理是如何进行的？

5-7　简述透射式液晶投影系统，画出草图。

5-8　简述反射式液晶投影系统，画出草图。

5-9　LCD 板的取样保持式驱动电路和锁存式驱动电路各有什么特点？

5-10　简述爱普生投影机的深度服务，学习为用户服务的精神。

第6章 硅基液晶LCoS投影技术

6.1 LCoS 投影显示原理

6.1.1 LCoS 器件工作原理

1997年IBM开发了一种新型液晶投影显示器，利用在CMOS硅基上生成的高反射电极和液晶组成的光阀单元来产生图像，称为硅基液晶（Liquid Crystal on Silicon，LCoS）技术，它将硅基CMOS集成电路技术与LCD技术有机结合。

1. LCoS 的基本结构

LCoS的基本结构如图6-1所示，带有金属氧化物半导体场效应晶体管（Metal Oxide Semiconductor Field Effect Transistor，MOSFET）矩阵的硅晶片基板与一透明玻璃基板之间插入液晶的构造组成。在CMOS硅基上，利用半导体技术制作驱动面板，然后通过研磨技术磨平，镀上铝，作为反射镜，形成CMOS基板，再将CMOS基板与含有ITO电极的上玻璃基板黏合，注入液晶进行封装而成。MOSFET驱动电路在铝反射镜电极的背面，器件的全部面积可以对入射光进行调制。因此像素间距窄，增多像素数目不会降低开口率，同时可以得到

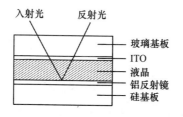

图 6-1　LCoS 的基本结构示意图

高清晰与高亮度。目前 LCoS 像素间距已经微细化到 7.6μm，像素数达到 SXGA，且已经产品化。

硅基液晶技术的成功是由于硅表面化学机械抛光处理工艺的突破，把微光学上起伏不平的反射表面处理得光滑如镜。在对角线 1.3 英寸的器件上，安排了 130 多万个像素。

LCoS 显示器件是液晶器件，液晶本身不是发光器件，它是借助于外加电压的作用改变液晶分子的排列方向，从而影响通过液晶层的光通量大小。LCoS 的电路系统中为了增加功能和提高图像处理速度，对视频信号进行各项处理时都是在数字状态下进行的，数字图像信号在加到 LCoS 显示器件上的液晶像素电极前，由 LCoS 显示器件的周边电路变成了模拟图像信号，模拟图像信号电压加到 LCoS 显示器件上的液晶像素电极上，去控制 LCoS 显示器件上的液晶像素中的液晶分子的排列状态，调制入射到 LCoS 液晶像素中的光通量，LCoS 显示器件把入射来的光又反射回去，光线在液晶层中走了一个来回。反射回去的光，因液晶分子的排列方向发生变化，偏振方向不同，经检偏器件后使其强弱发生了变化，形成图像光信号。

2. CS-LCoS 和 CF-LCoS

LCoS 可以分为两大类别：彩色时序 LCoS（Color Sequence LCoS，CS-LCoS）和彩色滤光膜 LCoS（Color Filter LCoS，CF-LCoS）。

CS-LCoS 是单色 LCoS，它是利用人眼的视觉暂留特性，通过 R、G、B 三基色光源的交替亮灭，在时间轴上进行混色的，称为时序彩色化。其帧刷新频率为 480Hz。

CF-LCoS 是在液晶和铝反射镜之间插入彩色滤光膜，与滤光膜对应 R、G、B 三个子像素空间上合成为一个彩色像素，所以 CF-LCoS 的器件面积总是比相同分辨力的 CS-LCoS 器件面积大。这种混色方式牺牲了全色显示屏的空间分辨力，特别是在作单色显示时。如一幅红色图像尤其明显，因为仅有 1/3 的像素呈现红色，显示器只用了全部有效显示面积的 1/3。图 6-2 是 CF-LCoS 的基本结构示意图。

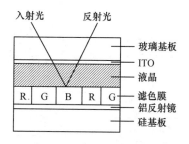

图 6-2　CF-LCoS 的基本结构示意图

中国台湾（himax）公司生产的 CF-LCoS 芯片见表 6-1。生产的 CS-LCoS 芯片见表 6-2。表中 FPC（Flexible Printed Circuit，软性印制线路板，软板）指用于软性印制线路板安装，PCB（Printed Circuit Board，印制线路板）指用于印制线路板安装。

表 6-1　奇景光电的 CF-LCoS 芯片（mm）

型　号	显示尺寸	分辨力	封　装
HX7005	0.62 英寸	800×3×600（SVGA）	FPC
HX7015	0.59 英寸	800×3×600（SVGA）	FPC
HX7027	0.44 英寸	640×3×480（VGA）	FPC
HX7019	0.38 英寸	640×3×360（nHD）	FPC
HX7033	0.28 英寸	320×3×240（QVGA）	PCB/FPC

表 6-2　奇景光电的 CS-LCoS 芯片（mm）

型　号	显示尺寸	分辨力	封　装
HX7315	0.37 英寸	800×600（SVGA）	PCB
HX7308	0.45 英寸	1024×768（XGA）	FPC
HX7317	0.38 英寸	640×480（VGA）	PCB/FPC
HX7318	0.37 英寸	1366×768（WXGA）	PCB
HX7327	0.29 英寸	852×480（WVGA）	PCB/FPC
HX7309	0.22 英寸	640×360（nHD）	PCB/FPC

3. CS-LCoS 器件的结构

图 6-3 所示是 VGA（640×480）CS-LCoS 电路结构图。电路可划分为行扫描驱动器，列数据输入驱动器（包含 DAC 电路）和显示驱

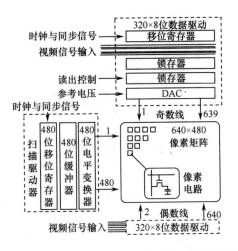

图 6-3　VGA（640×480）CS-LCoS 电路结构图

动矩阵（有源 NMOS 矩阵）。

　　在列数据输入驱动器中，串行输入的多位数字视频信号通过移位寄存器的作用，依次存入数字锁存器，然后在同一读出控制信号作用下，配合行扫描信号，同时输入到各列的数/模（D/A）转换器，经过 D/A 转换器之后输出模拟电压信号作用到像素，因此一帧图像将被一次一行地传送到所有列。

　　在行扫描驱动器中，行扫描信号通过另一组移位寄存器作用，产生与数字视频信号同步的逐行扫描信号。

　　像素矩阵的每一个像素包括像素开关（NMOS 晶体管）、存储电容和在它们上面的铝反射电极。NMOS 晶体管控制列数据线对液晶像素的充电，而存储电容中的充电电荷建立了相对于控制电极的电压差。由于液晶材料本身也有电容，并沿分子的取向充电，当一定量的电荷积聚在像素上时，液晶将按所施加的电场取向。液晶分子的再取向，导致液晶电容的变化，这就改变了加在像素的电压。为了解决这个问题，需要用较大的存储电容。

　　LCoS 是一种新型的反射式液晶显示技术，它把扫描驱动、时钟电路、存储器等周边驱动电路和 TFT（MOS）液晶显示寻址开关矩阵

108

集成在同一块芯片上，提高了显示器件的紧凑性和可靠性。与传统的在非晶硅或者多晶硅材料上制作有源寻址矩阵相比，优势明显。首先，LCoS 的单晶硅基底便于施展现代大规模集成电路制作技术，因此保证了 LCoS 显示芯片的可靠性，LCoS 显示芯片可以在现成的 IC 生产线上代工，无需为建新的生产线作巨额投资。其次，利用单晶硅高迁移率的特性，可集成高密度开关矩阵，在小尺寸显示面积上实现高密度高分辨力像素集成。另外，LCoS 因反射式显示几乎不受开口率的限制。实际上 LCoS 融合了当今信息产业的两大支柱技术：以单晶硅片为衬底的 CMOS 器件集成技术，和以透明平板硬质基底为封装盒的 LCD 显示技术。因而 LCoS 显示器具备小尺寸和高显示分辨力的双重特性。LCoS 显示技术将是一种比较全面、比较成熟的平板显示技术。

像素的截面如图 6-4 所示，采用了四层金属，分别用于扫描线、数据线、避光层和铝反射镜面电极。扫描线控制 NMOS 晶体管（像素开关）的栅极，当 NMOS 导通时数据线上的信号驱动到像素上。晶体管漏极，存储电容和反射镜面电极是电导通的。硅背板顶部制作约 5μm 厚的液晶衬垫，用以确定液晶盒间隙。

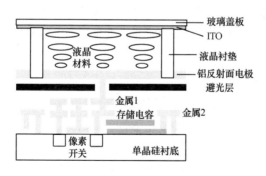

图 6-4 CS-LCoS 的像素截面示意图

整个硅背板都是在常规 IC 芯片生产线上完成的。在加工好的 LCoS 显示芯片上，覆盖液晶衬垫，涂上密封胶，黏合附着 ITO 电极的玻璃盖板，最后向这个液晶盒灌注液晶材料就形成了 LCoS 显示器。尽管 LCoS 显示芯片的面积比较大，但绝大部分是像素阵列，晶体管密度较低，故可得到高的成品率。采用现代 IC 制造技术生产 LCoS 显示器可谓驾轻就熟，也是制造高分辨力 LCD 显示器的一条降低成本途径。

6.1.2 LCoS 器件的特点

1. 开口率高

微显示器件的开口率定义为显示器件上像素总面积与芯片总面积（包括吸收光的无效面积）之比。

LCoS 的有源驱动矩阵电路置于液晶的背面，LCoS 的像素之间绝缘框宽度可以不大于 0.35μm，远小于 DMD 的微镜之间 0.7～1μm 的间隔。因此，在同样的芯片尺寸和同样的器件分辨力条件下，LCoS 开口率可以更高，从而可达到更高的光利用率。

2. 像素填充率最高

像素填充率定义为一个像素的有效面积与其占用面积之比。LCD 在屏幕上成像时，在近距离观看会发现图像像素间呈现暗格，称为窗纱效应，这是 LCD 中的信号线和寻址线造成的；DMD 微镜间隔 1μm，小于 LCD，窗纱效应不严重，只有在近距离才能观察到它的每个微镜中心有固定点黑斑；在 LCoS 中不反射光线的绝缘框宽度不大于 0.35μm，几乎没有窗纱效应。由于 LCoS 芯片具有最高的像素填充率，显示画面最细腻。

3. 响应速度较快

显示器件的响应速度是指其脉冲前沿上升响应和脉冲后沿的下降响应之滞后时间。LCD 微显示器件的响应速度一般可达 8ms，对于场频 60Hz 时 16.66ms 或场频 50Hz 时 20ms 的场周期而言，应该是够快了。但实际液晶分子排列变化确实滞后于电信号，脉冲信号前沿、后沿均以 10% 和 90% 为限的测试方法，不能排除 LCD 液晶显示快速运动物体的图像时仍存在淡淡的拖尾。DMD 的响应速度以往达到了 5μs，更新一代的芯片已经达到 2μs，毫无疑问是三种微显示器件中最快的，三片 DLP 投影机显示的高速运动画面显示质量是无可挑剔的。至于单片 DLP 投影机的"彩虹拖尾"是时间混色法所致，与响应速度无关，不能混为一谈。LCoS 的液晶层很薄，所以响应速度能够加快。目前的产品响应速度可以达到 2ms，虽然慢于 DMD，但比 LCD 有显著提高，显示快速运动画面效果很好。

4. 芯片尺寸小

从产品的像素结构和制造工艺而言，在相同芯片尺寸的条件下，按目前的技术水平，DMD 实现高分辨力最困难，而 LCoS 易实现高分辨力，同时仍可保持较高的开口率。目前，逐行全高清 Full HD 芯片分辨力为 1920×1080p 的 3 种典型产品中，LCoS 芯片尺寸最小（例如，Sony 的为 0.61 英寸; JVC 的为 0.7 英寸）开口率高达 90%～92%; DMD 芯片尺寸最大（例如，Dark Chip3 尺寸为 0.95 英寸）开口率约为 85%; LCD 芯片尺寸居中（例如，EPSON 的 D6 级芯片的尺寸为 0.74 英寸）开口率约为 70%。值得指出的是，缩小芯片尺寸有利于减小光学器件尺寸，对降低整机成本意义重大。

6.2 单片 LCoS 投影光学引擎

单片 LCoS 彩色投影显示通常有空间混色法和时间混色法两种方法。空间混色法在 LCoS 芯片上对每个像素做出三个子像素，每个子像素分别显示红、绿、蓝不同的基色，这种混色方式控制简单，但是牺牲了显示屏的分辨力，CF-LCoS 属于空间混色。

时间混色法是把一帧彩色图像分成三个子帧，分别为红、绿、蓝三基色的图像，利用人眼的视觉惯性在人脑还原成彩色图像。与空间混色法相比，时间混色法显示面积利用率高，但要求作为光阀的液晶响应速度较快，驱动电路频率较高，色轮式 LCoS 投影和旋转棱镜式 LCoS 投影属于时间混色。

6.2.1 单片色轮式 LCoS 投影光学引擎

单片色轮式 LCoS 投影显示系统通常采用时间分色法。图 6-5 给出了应用色轮的单片式 LCoS 投影光学系统的基本结构。灯泡发出的白色光经椭球型反光碗、UV-IR 滤光片、聚光透镜照射到色轮上，把白光分解成红、绿、蓝三基色光，由色轮输出的红、绿、蓝基色光顺序进入方棒均光系统，色轮紧贴方棒的入射端放置在椭球灯的焦点上，光线均匀化后经过聚光透镜和 PBS 棱镜，将红、绿、蓝三基色光射到 LCoS 芯片上，再经 LCoS 芯片反射回来，光线准确地射入投影镜头，经放大后投影在屏幕上，从而形成放大的彩色图像。系统结构简单，所需的器件少，但能量利用率较低。

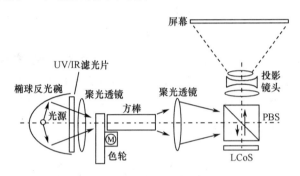

图 6-5   应用色轮的单片式 LCoS 投影原理示意图

6.2.2   单片旋转棱镜式 LCoS 投影光学引擎

图 6-6 是单片旋转棱镜式 LCoS 投影原理示意图。

UHP 灯发出的光被抛物反光碗反射，射出的平行白光经过复眼透镜会聚在复眼透镜组件上，中间经过斜放的 UV/IR 滤光片，吸收和部分反射紫外线，反射红外线，反射的光不进入光路，透过的光仅为可见光；复眼透镜组件由金属遮光板、复眼透镜和偏振转换系统 PCS 组成；从复眼透镜组件出来的光高效转化为 S 偏振光，能量利用率将增加到约两倍；S 偏振光经过会聚透镜 11 和分色镜 1，偏振光被分色镜 1 分色，R 光反射而 B、G 光透过后，再由分色镜 2 分出 B 光和 G 光，G 光反射而 B 光透过。R、G、B 三色光分别通过各自光孔阑射入各自的旋转棱镜。光孔阑是一个垂直的缝隙，缝隙宽度及要求见表 6-3。

112

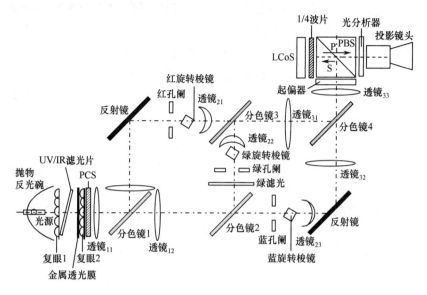

图 6-6 单片旋转棱镜式 LCOS 投影原理示意图

表 6-3 光阑缝隙宽度及要求

彩 色	缝 宽	孔阑图像占显示器件高度
R	3.45mm	40%
G	1.95mm	23%
B	2.70mm	31%

光束通过孔阑后分别进入 R、G、B 三个用高速旋转的电动机带动的旋转扫描棱镜，旋转棱镜的转速与图像同步信号同步。旋转棱镜是一个 11.84mm×11.84mm×30mm 的玻璃方柱，玻璃的折射率 n_p=1.7。

分色镜 3 透过 R 光而反射 G 光，分色镜 4 透过 B 光而反射 R、G 光，由 R 旋转棱镜输出的 R 光通过透镜 21、分色镜 3、透镜 31、分色镜 4、透镜 33 到达起偏器，由 G 旋转棱镜输出的 G 光通过透镜 22、分色镜 3、透镜 31、分色镜 4、透镜 33 到达起偏器，由 B 旋转棱镜输出的 B 光通过透镜 23、反射镜、透镜 32、分色镜 4、透镜 33 到达起偏器，经过起偏器对入射光提纯（滤去非偏振光），然后进入 PBS 偏振分光

113

膜。光束通过 PBS 进入 LCoS 显示器件后又反射出来，反射光受加到 LCoS 显示器件上的图像信号电压的调制而变成了图像光信号。图像光信号被 PBS 反射后进入投影镜头，在投影镜头中经过会聚、校正后投影到屏幕上，形成彩色图像。在投影镜头与 PBS 之间的光分析器是用来提纯偏振光的，以提高显示图像的对比度。绿滤光片的作用是减去黄光，使图像中的红色要好看。

在单片 LCoS 的光学系统中，红、绿、蓝三个旋转棱镜形成红、绿、蓝三个色带显示在屏幕上，三条色带所占屏幕的宽度见表 6-3。棱镜旋转一周，色带在屏幕上出现一次（由上而下在屏幕扫描一次），也就是一场色带由上而下滚动一次。但是，对于红、绿、蓝三个基色一场中只有 1/3 的时间出现，为了不使图像有闪烁感，棱镜的旋转速度必须是场频的 3 倍，例如，场频是 60Hz 的图像信号，棱镜的旋转速度必须是 180 周/s，这样在屏幕上才可产生稳定的、不闪烁的彩色图像。控制棱镜旋转的电动机必须与图像信号同步，同时噪声要小。该系统对光学精度和机械精度的要求很高，方形棱镜的旋转势必会引起磨损、噪声甚至振动，直接导致光学系统的性能降低以及寿命减短。

6.2.3 单片滤色膜式 LCoS 投影光学引擎

图 6-7 是滤色膜式 LCoS 投影光学引擎示意图。因为有滤色膜，光源可采用白光 LED。经 PCS 后转换成 S 光，再经 PBS 反射后入射 CF-LCoS 芯片，反射后转换成 P 光，透过 PBS 进入投影镜头。光学引擎简单，器件少，成本低，便于微型化。

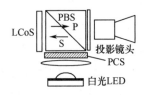

图 6-7　CF-LCoS 投影光学引擎

6.3　3片式LCoS光学引擎

6.3.1　3片式光学引擎

三片式 LCoS 投影显示系统如图 6-8 所示，也可以采用 Philips 棱镜结构。

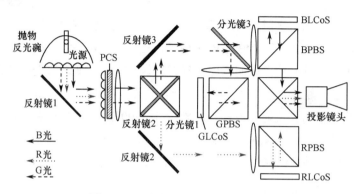

图 6-8　三片式 LCoS 投影显示系统

1.　光源与均光

光源灯泡发出白色自然光，经抛物面形反光罩反射，以平行光方式射出；由两片复眼透镜组完成均光，以实现投射至显示芯片上为照度均匀的光斑；光路中以 45°角倾斜放置的反射镜 1 镀有可见光反射膜和红外线透射膜，可以反射可见光，而将携带热量的红外线透射至光学系统外。

2.　偏振光变换

自然光状态的白光经过均光后，进入偏振光变换器 PCS，自然光状态的白光被高效率地转换为 S 偏振光。

3.　空间分色

白光转换为 S 偏振光后入射分色棱镜，分光镜 1 的镀膜特性为透青反红，即透射蓝、绿光而反射分离出红光；分光镜 2 的镀膜特性为透红反青，将蓝、绿光经反射镜 3 送往分光镜 3，其光谱特性为透蓝反绿，可以反射分离出绿光，透射分离出蓝光；至此 RGB 三基色光分色完成。

4. 像素明暗调制

LCoS 显示器件的像素明暗调制是由 LCoS 器件与 PBS 共同完成的。PBS 分光膜具有反射 S 光、透射 P 光的特性。以 R 基色光为例，来自分光系统的红光为 S 偏振光，被 PBS 全反射至 LCoS 的像素上。驱动信号为低电平时，液晶分子取向使反射光偏振方向旋转 90°成为 P 偏振光，可以全部透射过 PBS 棱镜，相当于像素亮点；驱动信号为高电平时，液晶分子取向变化使反射光偏振方向不变，即仍为 S 偏振光，完全不能透射过 PBS，相当于像素暗点；驱动信号在二者之间时，液晶分子取向使反射光偏振方向旋转 0°～90°时，只有其 P 偏振光分量可以透射过 PBS 棱镜，S 偏振光分量则被反射，相当于像素灰点。对 G、B 两种基色光明暗调制的原理也是相同的。

5. 空间合色

空间合色装置是 X 棱镜。以 R 基色光为例，经 LCoS 芯片与 PBS 偏振棱镜将明暗调制后的 R 光入射至 X 棱镜，经反红透青（含蓝、绿色光）反射面，将 R 光反射进入投影镜头；蓝基色光入射至 X 棱镜经反蓝透黄（含红、绿色光）反射面，将 B 光反射也进入投影镜头；绿基色光入射至 X 棱镜，由于两个反射面均可透射绿光，可使绿光透射进入投影镜头，从而空间合色完成。

6. 投影成像

光学引擎内的投影镜头将来自合色系统三基色光放大投影至屏幕，重现大幅彩色图像。

6.3.2 采用 ColorLink 的光学引擎

ColorLink 棱镜结构是一种新型的三片式 LCoS 投影显示系统的分色合色系统，其原理如图 6-9 所示。核心技术是由多层波片组成的偏振干涉滤光片。

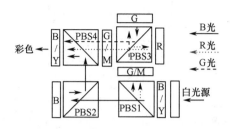

图 6-9　ColorLink 分色合色系统原理示意图

照明系统出射的白色照明光首先经过起偏系统后转变为 S 态偏振光，然后经过 B/Y 偏振干涉滤光片，短波长的蓝光转变为 P 光透射过 PBS1，进入 PBS2，再次发生透射后到达蓝色光路的 LCoS 器件，而红、绿光成分则保持 S 光状态被 PBS1 反射后经过 G/M 偏振干涉滤光片，绿光成分偏振态旋转 90°，变为 P 光，透射出 PBS3 后到达绿色光路的 LCoS，红光成分仍然保持 S 偏振态，被 PBS3 反射后到达红色光路的 LCoS。R、G、B 三路单色光经 LCoS 器件调制，偏振方向旋转 90°。对于蓝色光路，LCoS 的反射光为 S 光，因而在 PBS2 和 PBS4 上发生反射后到达第二块 B/Y 偏振干涉滤光片。对于绿色光路，LCoS 反射光为 S 光，反射出 PBS3 后经过第二块 G/M 滤光片，变为 P 偏振态，透射过 PBS4 到达第二块 B/Y 滤光片。对于红色光路，经 LCoS 反射的光为 P 偏振态，透射过 PBS3 后经过第二块 G/M 偏振干涉片，偏振态不变，继而透射过 PBS4 到达 B/Y 偏振干涉滤光片。经过第二块 B/Y 滤光片后，R、G、B 三单色光都变为 P 偏振态，合成为色光进入投影物镜。

6.4　LCoS 投影机电路

图 6-10 是由 HX7027 型 CF-LCoS 为调制器的微型投影机的系统框图。电路主要包括多电位电源电路、显示屏 LED 光源控制电路、视频接口电路、充电及电池控制电路、声音控制电路及系统控制电路。

117

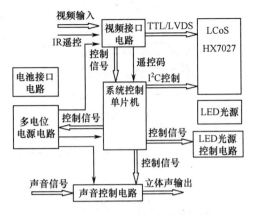

图 6-10　微型投影机的系统框图

HX7027 是分辨力为 640×480 的 RGB 彩色 LCOS 液晶屏，其对角线尺寸仅为 0.44 英寸，行数字数据驱动和列扫描驱动都集成在 LCOS 芯片基板上，因此重量轻，并且具有响应速度快、显示分辨力高的优点，适用于便携式设备。HX7027 在每一个时钟同时接收 8 位数字 RGB 显示数据，并生成相应的电压输出，产生 256 级灰度，形成 16MHz 彩色。

系统芯片多，所需电压种类比较多，系统采用了 RC 控压技术，将系统输入的 5V 直流电源，通过电路升降压，分别为各芯片及外围设备提供相应电压。显示屏 LED 光源控制电路为显示屏 LED 光源提供电流。视频接口电路输入 RGB、S-Video、YPbPr 、CVBS 等各种模拟视频信号，输出 LVDS 或 TTL 的数字视频信号及同步信号，并为光机提供电流。充电及电池控制电路即为电池接口电路，当系统由直流电源供电时控制电池充电，当系统由电池供电时控制电池放电。声音控制电路为喇叭提供电流，从而控制系统声音大小。系统控制电路是本系统的核心，控制整个系统的各个部分正常工作。

6.4.1　视频接口电路

视频接口电路的主要功能是对外部输入的不同格式的图像信号进行解码、数字化和格式转换等处理，以满足后级存储驱动显示电路对信号格式的要求；同时产生同步、消隐、数据时钟等信号以及实现遥控、屏幕显示的控制功能。基本原理见前面 5.1.2 节所述。本节介绍常用于 LCoS 投影器件的视频接口电路 HX6271。

HX6271 不仅可以接收模拟 RGB 输入信号，支持 SXGA 分辨力，还支持 CVBS 和 S-video 信号及其混合输入，以及自动识别上述输入信号，并自动进行适时转换，可以由遥控器操作，完成亮度、对比度、饱和度等显示性能参数的调整。另外，通过软件设计工作，HX6271 还具备自动调整视频位置等功能，非常适合微型投影机多功能化的要求。

HX6271 内部有一个 10 位的 γ 校正寄存器，可以进行 γ 校正，以取得最好的显示效果。图 6-11 是 HX6271 应用框图。它可以接收来自 PC 或者 DVD 的视频信号，经过内部解码或转换后，输出给显示屏。IR 代表遥控信号，由 HX6271 的 INT3 管脚输入，经过计时等识别操作后输出。单片机经过串口对 HX6271 进行控制，完成各种功能。

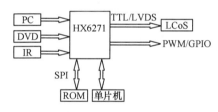

图 6-11　HX6271 应用框图

6.4.2　LED 光源控制电路

系统中使用 LED 光源，要求电流较大。但是整个投影机芯片多、功耗大，如果在上电开机时同时供电给驱动系统与 LED 光源，会造成部分芯片供电不足，工作不正常，因此在 LED 光源控制电路中加入了可编程控制的可变电位器，用以控制开机时的 LED 电流，保证系统都能正常工作。LED 的电流通过控制 AD5246 的电阻大小从而由 LTC3454 来控制的。

LTC3454 是高电流 LED 驱动芯片，是经过优化的同步 buck-boost（降压-升压）的直流电压转换器，一种开关模式电压调节器，输出电压可高于或低于输入电压。可以以单芯锂离子电池输入来驱动高达 1A

的高电流 LED。根据输入的电压和 LED 电压的不同，LTC3454 可以工作在同步降压、同步升压或者降压-升压模式。在电池可用的电压范围内（2.7～4.2V），输出/输入功率比都可以达到 90%以上。LTC3454 的这些特性，使它很适用于便携式产品。图 6-12 是 LTC3454 内部控制输出电流的结构，两个运放的同相端输入均为 800mV 电压，反相端分别接两个电阻 R_{ISET1}、R_{ISET2}。由运放的工作原理可知，反相端电压与同相端电压相等，因此两个运放的电流和 I 由电阻 R_{ISET1}、R_{ISET2} 决定。与两个运放相连的是一个电流镜，电流镜的功能是将与两个运放电流值 I 相等的电流输出到负载。

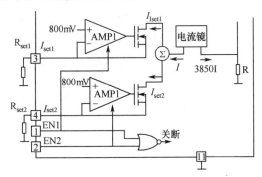

图 6-12　LTC3454 内部控制输出电流的结构

输出给 LED 的电流是可以设计的。共有四个不同的电平值，包括关断值，具体值是通过 EN1 和 EN2 控制的，见表 6-4。

表 6-4　LTC3454 输出电流

EN1	EN2	I_{load}/A
GND	GND	0（关断）
V_{IN}	GND	$3850 \times 0.8V / R_{I_{set1}}$
GND	V_{IN}	$3850 \times 0.8V / R_{I_{set2}}$
V_{IN}	V_{IN}	$3850 \times (0.8V / R_{I_{set1}} + 0.8V / R_{I_{set2}})$

6.4.3　电池充放电控制电路

TPS65011 是一款为锂电池供电系统提供电源和电池管理 IC，可

120

以为系统提供多个输出路径。在一个处理器系统中，TPS65011 的两个高效阶降转换器可以为外围设备、芯片 IO 提供核心电压。这两个转换器在负载电流超过最大允许范围，进入低电状态。当设备处理器进入休眠状态，管脚 LOW PWR 输出低电平。TPS65011 可以为锂电池提供线性充电，为系统提供电源管理，供电方式可以是 USB 接口和 AC 适配器，TPS65011 可以自行检测供电为哪种方式。TPS65011 还具有电源传感器，可以保证高精确度的电流和电压值，还可以检测到充电状态以及是否充电结束。

图 6-13 所示为 TPS65011 内部结构框图。TPS65011 内部结构主要有三部分，一部分控制整个芯片工作细节，一部分为电池提供线性充电，另一部分为外部系统输出电压。外部系统通过 I^2C 通信向 TPS65011 内部将寄存器配置为合适的值，芯片即可根据寄存器的值对

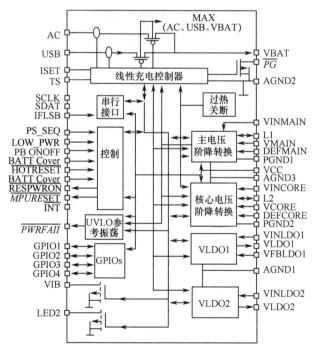

图 6-13　TPS65011 内部结构框图

输出电压和电池充电做出相应的控制。TPS65011 的功能还可以根据需要自行开发，因为它有 4 个通用 IO 口，可以通过寄存器进行设置。可以看出，TPS65011 可以输出多个电压值，这在多电位需求的电路中起到了重要的作用。

TPS65011 可以自动选择 USB 接口或 AC 作为供电电源。USB 供电时，主机可以通过接口将充电最大电流值从默认值 100mA 提高为 500mA。AC 供电时，最大充电电流值则是由外部的电阻值决定的。

其中几个管脚在系统中起着重要作用：

ISET：AC 供电时，用于设置充电电流的外部电阻连接。

VBAT_A：电池电压传感器输入，直接与电池相连。

VBAT_B：电池充电的电源输出，直接与电池相连。

TS：电池温度传感器输入。

$\overline{PG}$：当系统有可用电源时通过一个 LED 显示。

LED2：LED 驱动，可以按一定频率点亮 LED 频率，可以通过寄存器设置。

HOT_RESET：用以重新启动或唤醒 TPS65011。

$\overline{INT}$：当充电出现异常，或温度超过一定范围时出现中断信号。

LOW PWR：使 TPS65011 进入休眠状态信号输入端。

SCLK：I^2C 接口的时钟串行线。

SDAT：I^2C 接口的数据、地址串行线。

TS 若不用于检测电池温度，则应将 TS 管脚的电压控制在 0.5～1V 范围内，如果超出这个范围，芯片将停止为电池充电。在系统上电时，程序会将 LOW PWR 拉低，使 TPS65011 处于工作状态，之后会给 HOT RESET 管脚一个低脉冲，使芯片复位。如果系统处于电池供电的状态，处理器会检测 $\overline{INT}$ 端的状态，若电池电量过低，$\overline{INT}$ 端将出现低电平，处理器会使系统进入 STANDBY 状态；如果系统处于给电池充电的状态，处理器会控制指示灯 LED2 显示充电状态。

电池充电有三个阶段：充电前调节阶段，恒流充电和恒压充电。

122

当充电电流达到最小值时充电结束,同时芯片内部有一个充电计时器,以保证充电安全。当电池电压小于一个阈值时,TPS65011 会自动对其进行充电。在充电初期,电流值基本不变,充电速度很快,在电池电压较大的时候,电压变化很慢,电流以很快的速度变小。

6.5 三色 LED 光源单片 LCoS 投影

1. 工作原理

三色 LED 光源单片 LCoS 微型投影机的工作原理如图 6-14 所示,LED 照明光源经过 LED 驱动系统点亮输出 R、G、B 三基色光,首先经过光束整形系统转换成一束小角度的均匀照明光,然后经过偏振光束分离器(PBS)使得 P、S 光分离形成偏振光照到 LCoS 投影面板上。LCoS 投影面板是一种反射型空间光调制器,它根据视频控制系统输入的视频信号控制屏上每个像素点的电压和偏振状态的时间,从而生成一幅像素图像,最后经 LCoS 屏反射的偏振光再次通过 PBS 后被投影镜头放大,投射到投影屏幕实现投影效果。

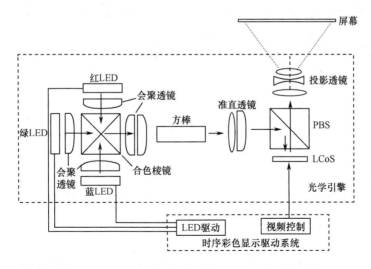

图 6-14 LED 光源单片式时序 LCoS 投影工作原理

2. 时序彩色显示驱动系统

时序彩色显示驱动系统，如图 6-15 所示。其原理是把输入的 VGA 信号转换成符合 LCoS 显示芯片接收协议的场序串行数字信号，并控制 LED 光源发出与单色图像相匹配的红、绿、蓝三基色脉冲光。

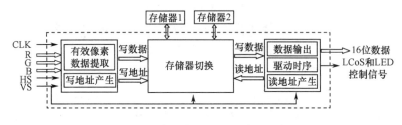

图 6-15　时序彩色显示驱动系统工作原理

输入信号为红、绿、蓝三色各 8 位数据，以及行同步信号 HS、帧同步信号 VS 和时钟 CLK。

为了把输入的一帧彩色数据分成三个单色子帧输出，需要用存储器存储一帧数据，然后再把单色帧数据依次读出。根据 HS 和 VS 确定有效数据所在位置，并提取出来，同时生成相应的写地址把数据存入存储器。存完一帧数据后，存储器切换模块切换两片存储器的读写状态，把当前的数据写入另一片存储器，并把写好数据的存储器中的数据读出。读出模块根据 VS 信号生成读地址，依次读出红、绿、蓝单色帧数据（数据为 16 位，奇数列和偶数列数据各 8 位），并生成相应的 LCoS 驱动时序和红、绿、蓝 LED 灯的控制时序。

3. 时序原理

LCoS 芯片采用场缓存像素电路，每个像素点的数据先写入缓存电容里，等全部像素点数据都写完后，再打开缓存电容和像素电容之间的连接开关 READ 给像素电容充电。可在显示当前帧图像期间，给每个像素缓存电容写入下一帧的图像。

帧同步信号到来后，输出红色图像数据，给 LCoS 芯片写满一帧图像后，READ 信号变为高电平，给像素电容充电，同时液晶开始反转。液晶响应完毕后，打开红色 LED 灯，开始显示红色图像。所以在

124

显示红色图像期间，可以给像素缓存电容写入绿色图像数据，红色图像显示完毕后直接给全部像素电容充电，驱动液晶显示绿色图像。因此，每个子场的显示时间分为两部分，如图 6-16 所示，其中 t_1 为液晶响应时间，t_2 为 LED 灯照时间。

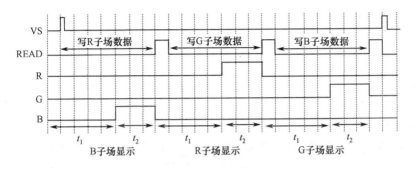

图 6-16　时序原理图

时序彩色化显示时钟频率至少是空间混色时钟频率的 3 倍以上。显然设置时序彩色显示频率是要考虑不能超过整个时序驱动电路中各个芯片所能承受的频率。

液晶响应时间大致为 3~5ms，选择子场帧频为 90Hz，每个子场显示时间为 11.1ms，就可以给 t_1 分配 5ms，显示时间 t_2 为 6.1ms。由于液晶响应和亮灯的时间比较充足，实现的图像显示彩色效果不错，但是明显感觉到投影显示的闪烁。选择场频为 180Hz，每个子场的显示时间是 5.5ms，控制三基色灯依次无间隔的照射 LCoS 屏。虽然完整亮灯时间比较短，但是屏显示的闪烁感基本完全消除。

6.6　佳能 LCoS 高分辨投影机 SX6000

佳能 LCoS 高分辨投影机 SX6000，搭载新型 LCoS 显示面板与改良 AISYS 光学系统，亮度达到 6000lm，并具有优秀的色彩还原能力，还可使用高质量可更换投影镜头，适应多种安装环境；耐用性强，易安装维护。

新 LCoS 显示面板将开口率提高了 17%，开口率提高后栅格线会变得更不容易察觉。因此，投射的画面会变得更加细腻，色调也会更加清晰，新 LCoS 显示面板的光线反射面积也增加了，减少了衍射光，提高了有效光线的利用率，输出亮度大幅增加了。

新 LCoS 显示面板提高了有效光线利用率，单位亮度的功率仅为约 0.073W/lm，单位流明功率能耗也达到了世界领先水平，在大幅提高亮度的同时，还实现了业内领先的环保性能。

新 LCoS 显示面板通过新结构实现了更强的抗烧蚀性，即使连续投影 100h 或更长时间也不会发生烧蚀。使应用领域进一步扩大，可用于进行长时间投影的监测系统等领域。

为了使固定安装型投影机能适合多样的安装环境，佳能为投影机开发了四款具有高性能、高分辨力、低失真、低色差等特点投影镜头，能够明亮生动地表现美丽图像。另外，考虑到运输的便利性，四款镜头都保持了基本相同的长度。即使更换镜头，外观也不会出现很大的改变。佳能新超长焦变焦镜头，采用 11 组 16 片的镜片，可实现 1.95 倍的高放大率。可在 7.6～14.9m 距离投射 100 英寸画面。紧凑小巧的设计使得这款镜头可以安置在机身内，保证高放大率也不影响机身外观。利用电动位移镜头功能移动镜头时，也可在保持高亮度的同时，防止图像失真及改变长宽比。在多种安装条件下，仍可实现高画质的图像投影。

投影机的遥控器设计为双灯系统以实现稳定的无线控制。同时，投影机下部设计有 3.5mm 插孔，用于连接有线线缆进行遥控，适用于在更远距离或同时控制多台设备，轻松调整投影机设置。

SX6000 设计有包括 HDMI 端子在内的多种信号连接端子，可以轻松连接计算机、蓝光播放机或高清摄像机等多种高清设备投影高清影像，满足高分辨力时代的要求。即使是在不打开机顶盖或在堆叠安装时，也可轻松更换静电过滤器和投影灯。此外，可更换光学过滤器，能够大大延长投影机的使用寿命，降低使用成本。表 6-5 是佳能 SX6000 投影机的技术参数。

表 6-5　佳能 SX6000 投影机的技术参数

型　　号	SX6000
显示设备	3 片 0.72″ LCOS 反射型面板
面板显示分辨力	1400×1050（SXGA+）4:3
亮度*（演讲模式）	6000lm
对比度（全白：全黑）	1000:1
F 值/焦距	F1.89～F2.65　f=23.0～34.5mm（标准镜头）
变焦倍率	1.5 倍（电动）（标准镜头）
对焦方式	电动（自动对焦）
投影距离（100 英寸）	3.2m～4.8m（标准镜头）
投影尺寸	40 英寸（86×54cm）～600 英寸（1290×810cm）
梯形校正（标准镜头）	水平：±10%　垂直：−15%～+55%
端口	HDMI/DVI-I/Mini D-sub 15pin/D-sub 9pin/RJ-45/mini jack 等
光源类型	330-NSHA（日本优志旺）
尺寸（宽×高×深）	380mm×170mm×430mm
质量（不含镜头）	8.5kg

思考题和习题

6-1　LCoS 是如何构成的？

6-2　简述 CS-LCoS 和 CF-LCoS 的区别。

6-3　简述 LCoS 器件的特点。

6-4　简述色轮式 LCoS 投影和旋转棱镜式 LCOS 投影，属于何种混色法？

6-5　简述三片式 LCoS 投影显示系统，画出草图。

6-6　简述 ColorLink 棱镜结构的三片式 LCoS 投影显示系统，画出草图。

6-7　简述三色 LED 光源单片 LCoS 微型投影机的工作原理，画出草图。

6-8　三色 LED 光源单片 LCoS 微型投影机的时序彩色显示驱动系统为何需要 2 个帧存储器？

第 7 章　数字式光处理（DLP）技术

数字式光处理（Digital Light Processing，DLP）技术是美国得克萨斯州仪器（Texas Instruments，TI）公司开发的一种新式显示技术。该技术使我们在拥有采集、接收、存储数字信息的能力后，终于实现了数字信息的显示。

7.1　DMD 器件

DLP 模块的核心是高强度的光源和数字微镜器件（Digital Micromirror Device，DMD）。DMD 上的每一面微镜对应于一个像素，每面微镜可以在两个稳定位置之间转动。在"ON"位置，来自光源的光反射以后，正好可以通过投影光学透镜，在屏幕上形成一个亮点；在"OFF"位置，反射光不能通过投影光学透镜，屏幕上形成一个暗点。一个给定像素的亮度取决于在图像的一个帧周期中，相应的微镜多长时间停留在"ON"位置上。微镜是方形的，微镜与微镜之间只有很小的黑色间隙，得到的投影图像很光滑，没有明显的像素结构。

7.1.1　高清 DMD 芯片

HD1 DMD 芯片是第一代 HD 芯片，其微镜翻转角度为 10°，分辨力为 1280×720，宽高比为 16∶9。HD2 DMD 芯片，其微镜翻转角度为 12°，分辨力仍为 1280×720，采用 LVDS 接口标准。同时符合 IEEE 1596.3，可以实现点对点数字成像，在提高对比度的同时保持高亮度，降低了视频数字噪声，使投影画面颜色丰富，细节明显。

HD2+DMD 尺寸为 0.85 英寸，分辨力为 1280×720，HD2+将微镜

表面处理得更平坦，提高了亮度，减少了光散射，图像的黑色部分表现得更加完美，对比度有很大提高，理论上采用 HD2+芯片的产品在全开/关状态下的对比度能够从 2800∶1 提升到 4000∶1。

HD2+芯片微镜翻转角度为 12°，支撑微镜片的结合部分的支撑柱变得更细，构成画面的每个点矩阵中央的黑点比 HD2 芯片小很多，投影画面在一定程度上有效消除了"晶格"效应，一直困扰单片 DLP 产品的黑场下的图像噪波抖动现象得到明显的改善。HD2+DMD 芯片技术和制作工艺已经比较成熟。

HD3 DMD 尺寸缩小为 0.55 英寸，有效降低了生产成本，微镜翻转角度为 12°，它的分辨力为 1280×720，HD3 芯片使用新的黑色涂层，微镜之间的距离更短，像素密度提升；芯片运算速度提高，图像动态变化更为流畅。

xHD3 是 TI 在 2004 年推出的，与 HD2+的技术指标相同，分辨力提高到了 1920×1080，可满足 1080P 的高清需求，通过 Dynamic Black（动态黑色补偿）技术实现了 5000∶1 的理论对比度。

在 HD3 和 xHD3 中都实用了菱形 DMD 网格和 Smooth Picture 技术，从而使高清图像显示更平滑、精细。

7.1.2 菱形 DMD 阵列

在 HD1、HD2 和 HD2+的 DMD 中，采用直角像素阵列和 1∶1 的图像像素。新的 DMD 菱形阵列支持 1080p 设备的 1920×1080 分辨力，具有 960 对列和 540 对行（一对行包括一行黑和一行白）。这样在损失一些对角分辨力的情况下，菱形阵列 1080p DMD 芯片的尺寸与直角像素阵列 720p 芯片的尺寸相当，节约了成本。图 7-1 是直角像素阵列和菱形阵列示意图。

7.1.3 Smooth Picture 技术

原始图像必须过滤掉一半像素才能在菱形阵列 DMD 上显示，Smooth Picture 技术将菱形阵列 DMD 和光学驱动器连接起来，在屏幕上显示原始图像所有像素信息的完整分辨力的图像。

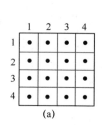 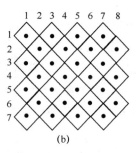

图 7-1　直角像素阵列和菱形阵列示意图

（a）直角像素阵列；（b）菱形阵列。

Smooth Picture 技术中光学驱动器在水平方向上位移了 DMD 图像，并在 DMD 上同时显示独立的两个亚帧帧数据。每一帧视频信号都被分为两个独立的亚帧，一个包含所有奇数位像素信息，另一个包含所有偶数位像素信息。20ms 的视频扫描时间分为两个 10ms 的亚扫描时间。在第一个亚扫描时间段内，奇数位数据被显示；在第二个亚扫描时间段开始时，驱动器将 DMD 图像水平移动 1/2 个像素，然后显示偶数位数据。这样屏幕上显示的图像就包含了原始图像所有像素信息,而且在一个 50Hz 的帧扫描时间内完成。图 7-2 是菱形阵列 DMD 1/2 像素位移示意图。

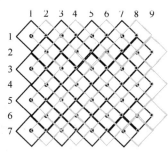

图 7-2　菱形阵列 DMD 1/2 像素位移示意图

1/2 像素位移的另一个优点是有效地柔化了像素的边缘，图像更加精细。

目前 DLP 技术正在沿着低成本、高画质的方向发展。缩小 DMD 元件的芯片尺寸，DMD 微镜面积从 $16.7\mu m^2$ 减小至 $13.7\mu m^2$，微镜间隔从 1μm 减小至 0.8μm，DMD 芯片微镜的倾斜角度已从原来的 10°提高到 12°，可提供更高的亮度；加大硅晶基底口径，改良封装工艺，上述技术有助于降低成本。

7.2 DLP 投影光学引擎

DLP 投影显示系统可以分为单片式、双片式和三片式。三片式系统结构复杂，成本高，通常只应用于对亮度有非常高要求的场合。双片式用得较少。单片式系统结构简单，成本适当，且性能稳定，是目前应用最为广泛的 DLP 投影产品。

7.2.1 单片色轮式 DLP 投影光学引擎

图 7-3 是单片色轮式 DLP 投影光学引擎。DLP 投影系统通常采用具有椭球形反光碗的 UHP 光源，出射光束为会聚光。会聚光通过 UV/IR 滤光片后，紫外线和红外线分别被吸收或反射，透过的是可见光。色轮电动机转动时，光束通过色轮红、绿、蓝滤光片依次轮流产生红、绿、蓝三基色光。基色光进入方棒照明系统均光，方棒入射端位于椭球灯的焦点上，基色光经过在方棒内的多次反射后在方棒出射端上形成均匀的矩形分布，进而由照明透镜组将方棒出射端成像在 DMD 表面上，形成合适的照明光斑。在同步的电子信号配合下，基色光经 DMD 调制和反射后，经过投影物镜成像在屏幕上不同颜色的灰度信号，由于人眼的视觉暂留，看到的是彩色图像。单片 DLP 系统通过改进分色轮控制技术、提高分色轮转速、增加色彩优化电路等，使得由于三色光分时输出所造成的色彩饱和度略低的缺陷得到了一定程度的弥补，提升了单片 DLP 投影机的亮度和色彩表现。

7.2.2 三片式 DLP 投影光学系统

单片 DLP 系统组成轻型便携式投影机具有价格与性能优势，成为小型投影系统的理想之选；三片 DLP 系统适用于对图像质量、高亮度及高分辨力特别关注的专业用户，可在剧场、影院和展览大厅中使用。

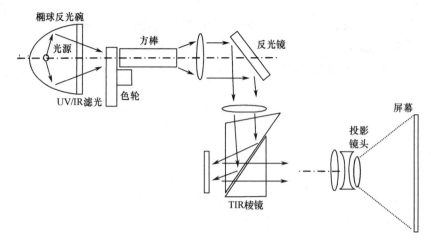

图 7-3　单片色轮式 DLP 投影光学引擎

三片 DLP 投影系统如图 7-4 所示，光源发出的光线会被棱镜分成红、绿、蓝三色，每种色光则分别被导向各自的 DMD 组件，红光、绿光和蓝光都各有一片 DMD 组件负责执行光调制。三片 DMD 提供的屏幕像素是三个微反射镜输出的组合/聚光结果，三片 DMD 的反射光路如图 7-4 所示。用 Philips 棱镜分光代替了单片 DLP 系统中的色轮，工作特性更稳定，但价格更贵，适合于指挥、监控等单位使用。

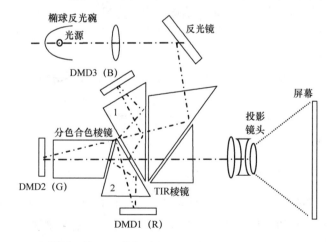

图 7-4　三片式 DLP 投影系统原理示意图

白光进入分色/合色棱镜后入射至镀膜特性为反射蓝光透射黄光（包括红、绿光）的第一反射面时，蓝光被反射至 DMD3，DMD3 上加有 B 基色图像的驱动信号完成对蓝光的调制。调制后的蓝光经第一反射面反射，TIR 棱镜对界面的入射角小于全反射临界角而无损失地透射至投影镜头。

红、绿两色光经过第一反射面透射后，入射至镀膜特性为反射红光透射绿光的第二反射面时，红光被反射至 DMD1，DMD1 上加有 R 基色图像的驱动信号完成对红光的调制。调制后的红光经第一反射面透射后，与蓝光合色，也是经 TIR 棱镜透射至投影镜头。

红、绿两色光在分色合色棱镜的第二反射面被分开，绿光被透射至 DMD2，DMD2 上加有 G 基色图像的驱动信号完成对绿光的调制。调制后的绿光经第二反射面及第一反射面透射后，与上述红、蓝二色光完成合色，也是经 TIR 棱镜透射至投影镜头，最终在投影屏幕上重现彩色图像。

7.3 DLP 投影电路

7.3.1 DMD 芯片组和开发装置

TI 公司对其生产的 DMD 芯片都配置了对芯片进行控制、驱动的芯片组，并且能提供开发装置以加速产品设计，表 7-1 是 TI 公司主要的 DMD 芯片组及其开发装置。

表 7-1 TI 公司主要的 DMD 芯片组及其开发装置

DMD 芯片	DLP3000DMD	DLP5500DMD	DLP7000DMD	DLP9500DMD
芯片组成员	DLPC300 控制器	DLPC200 控制器、DLPA200 驱动器	DLPC410 控制器、DLPA200 驱动器、DLPR410PROM	DLPC410 控制器、DLPA200 驱动器×2、DLPR410PROM
像素阵列	608×684	1024×768	1024×768	1920×1080
微镜形式	菱形	正交	正交	正交
微镜间距/μm	7.6	10.8	13.6	10.8

DMD 芯片	DLP3000DMD	DLP5500DMD	DLP7000DMD	DLP9500DMD
最大图形速率	120Hz（8 位）	500Hz（8 位）	1900Hz（8 位）	1700Hz（8 位）
开发工具	DLPLightCrafter	设计工作室模块	DLPDiscovery4100	DLPDiscovery4100

7.3.2　DLP9500DMD 芯片组

DLP9500DMD 芯片组包括 DLP9500DMD、DLPC410 控制器、DLPA200 驱动器×2、DLPR410PROM。图 7-5 是 DLP9500DMD 芯片组电路框图。

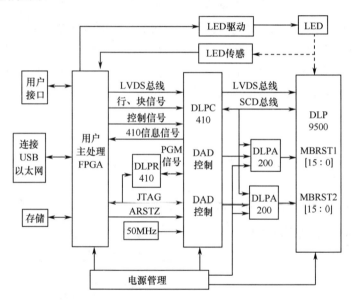

图 7-5　DLP9500DMD 芯片组电路框图

1. DLP9500DMD

（1）9500DMD 是对角线为 0.95 英寸的微镜阵列，分辨力为 1920×1080 的铝阵列微米量级微镜，微镜间距为 10.8μm，±12°微镜倾斜角。

（2）设计用于拐角照明，用于宽带可见光（400～700nm），窗口传输率为 97%，微镜反射为 88%，阵列照射效率为 86%，阵列填充因子为 92%。

134

（3）4个16位低压差分信号（LVDS），双数据率（DDR）输入数据总线，高达400MHz输入数据时钟速率。

（4）42.2mm×42.2mm×7mm密封封装，印制引脚。

图7-6是DLP9500DMD芯片微镜位置与光路示意图。

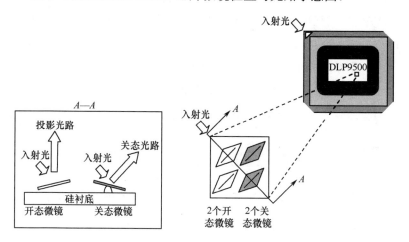

图7-6　LP9500DMD芯片微镜位置与光路示意图

2. DLPC410DMD 控制

（1）操作下列DLP Discovery4100芯片组成员：

① DLP7000DMD或DLP9500DMD。

② DLP200DMD微镜驱动器。

（2）支持DMD模式速率的最高速度，1位二进制模式速率高达32kHz，8位单色模式速率高达1.9kHz。

（3）允许输入时钟率200～400MHz。提供高达64位LVDS数据总线接口。

（4）支持任意DMD行寻址。与多种用户指定的处理器或FPGA兼容。

（5）676引脚27mm×27mmPBGA封装。

3. DLPA200 功率与微镜时钟脉冲驱动器

（1）产生微镜时钟脉冲。

（2）产生各种所需电压。

① 提供 V_{BIAS} 电压，DMD 用来控制阵列边界微镜。

② 提供 V_{OFFSET} 电压，DMD 用来作为 DMD 的 V_{CC2}。

（3）单一 12V 电源，所有逻辑输入是 LVTTL 或 CMOS 兼容。

（4）无铅热增强表面安装封装，80 引脚，0.5mm 间距，eTQFP 封装。

4. DLPR410PROM

DLPC410 配置的预编程 Xilinx PROM，数据转移率高达 33Mb/s，I/O 引脚适合 1.8～3.3V，1.8V 电源。

7.4 LED 光源 DLP 投影

7.4.1 三色 LED 光源与 DLP 投影显示结合的优势

LED 光源有突出的优点，与微显示技术结合，会推动微显示背投技术的发展。目前主流的微显示芯片有 DMD、LCD 和 LCoS，将 DLP 显示技术与 LED 光源两种技术结合的优势有以下几点：

（1）DMD 使用的是非偏振光，LCD 和 LCoS 是液晶器件，需要使用偏振光，光的偏振转换将增加系统的复杂性。

（2）光在偏振转换过程中，照明光束的光学扩展量会增大一倍（除非只使用一个偏振分量），对于功率密度很大而光学扩展量较小的 UHP 灯来说不是一个大的问题，对于功率密度目前还比较小的 LED 来说，将直接导致光能量利用率的下降。而在 DLP 系统中，LED 发出的光线无需偏振转换，只要将光精确地从 DMD 镜面反射出去，光线按需取用，使亮度和系统的效率达到最大，并减少发热。因而，对于相同尺度的微显示芯片来说，采用单片 DLP 与三片式的 LCD 或 LCOS 相比所能实现的输出光通量更高。

（3）系统采用单片式结构，LED 以时序方式工作，R、G、B 三组 LED 分时工作，功耗较低。

（4）LED 具有较长的寿命（大于 5 万 h），LCD 或 LCoS 使用一段时间后会出现色偏现象。而 DMD 的标称寿命为 10 万 h，二者配合得比较好。

（5）LED 技术的快速交换能力与 DLP 技术的快速交换性能互相搭配动态效果更佳，亮度亦更高。增加 LED 的交换频率可以实现更大的电流驱动，并减小 PN 连接的热负荷。DLP 技术的快速交换能力充分利用 LED 新开发的色彩，通过单个 DMD 设备实现多重色彩配置，从而获得更大灵活性。

7.4.2　三色 LED 光源单片式 DLP 投影光学引擎

图 7-7 是 LED 光源单片式 DLP 投影光学引擎，系统由三色 LED 光源、会聚透镜、X 立方棱镜、方棒照明系统、准直透镜、TIR 棱镜、DMD 芯片及投影物镜组成。

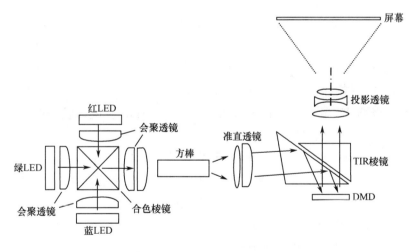

图 7-7　LED 光源单片式 DLP 投影光学引擎

三色大功率 LED 发出的光由会聚透镜收集并准直后进入合色棱镜合色，再由会聚透镜将光会聚到积分方棒中，从而对光束进行整形，得到均匀的照明光线。从方棒中出来的光是发散的，所以用准直透镜组来压缩光束的角度。光线进入 TIR 棱镜后，被反射进入 DMD 芯片中，受到 DMD 芯片的调制后，符合条件的光经 TIR 棱镜投射进入投影物镜中，最后被投射到屏幕上。

LED 光源要代替原来的光源和色轮，LED 的 R、G、B 三色光源必须轮流发光，如图 7-8 所示。

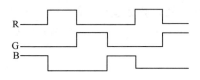

图 7-8　LED 光源 R、G、B 轮流发光

7.5　DLP 投影机实例

7.5.1　BenQ LW61ST 型 WXGA 激光 DLP 投影机

中国台湾明基公司用于学校教学的型号为 LW61ST 的 WXGA 激光 DLP 投影机摒弃了光效率普遍偏低的传统光源，采用光效率极高、集束性的激光光源，实现了高亮度；激光光源的波长分布范围较窄，可以生成极纯的单色光，色彩还原性能也相当好。

该机 1280×800 的分辨力、2000 流明（ANSI）的亮度、高达 80000∶1 的对比度，性能超越 LED 投影机。

LW61ST 最大的特色是节能环保，当激光光源的智能省电模式启用时，在长达 20000h 的使用寿命周期内亮度不会突然降低，其他性能也非常可靠。借助蓝核光技术，只需数秒即可达到最高亮度。采用无汞技术，符合绿色环保的设计理念。可以根据周围环境光的实时情况，手动调节亮度，以进一步节省电能。

激光光源的寿命长达 10000～20000h，是传统光源的 2～4 倍。该机支持 iPad/iPhone 无线投影，用户可将丰富多彩的存储内容投射到 80 多英寸的屏幕上。另外，这台具有短焦投射能力的投影机还具有准 3D 投影功能。该机的音频单元设有两个 10W 的扬声器。为方便教学，还设有传声器输入接口，以连接传统传声器或带传声器的耳机。

LW61ST 所应用的两项重要技术是：

1. 蓝核光引擎系统

明基特有的蓝核光引擎系统（BlueCore Light Engine）由高亮度蓝色激光二极管模组、分色处理光路及短焦镜头组成。它结合了 DLP 细节丰富的优势和激光色彩艳丽的特点，使得投射出来的图像视感锐利、画面色彩鲜活。新光源的使用彻底消除了汞灯投影带来的弊端，在对环境更加友好的同时使维护投影机的成本也大幅下降。另外，高对比度、高色彩比、色彩性能稳定可靠以及易使用的 360 度投影和几乎是0 秒的瞬间开、关机都是蓝核光引擎技术的优势。

2. SmartEco

SmartEco 是 LW61ST 应用的一项智能节能技术，结合蓝核光引擎该项技术可对投影机的光源系统进行优化。该技术启用时可根据输入光源的实时状态，自动确定最佳亮度，智能调节光源功率，充分节省能耗。SmartEco 技术还能在投影机持续 2min 未连接显示源（例如，教学 PC 或笔记本式计算机）或当投影机不用时，通过按下键盘区或遥控器上的 Black 按键，激活节能遮屏模式 （Eco Black Mode）以避免投影机始终以全功率运行。此时，投影机灯泡的功率会随之自动降低，从而最大限度降低投影机光源负荷，延长光源的使用寿命。通过SmartEco 技术的应用，光源能耗节省 90%。

7.5.2 Projectiondesign FL35 型 WQXGA LED DLP 投影机

挪威 Projectiondesign 公司型号为 FL35 WQXGA（2560×1600）的第二代 LED 投影机采用单芯片 DLP 成像。亮度为 1200lm（ANSI），对比度为 8000:1，使用寿命长达 100000h。

FL35 使用的全新高性能投影镜头和光学引擎是该公司专为达到WQXGA 分辨力而设计，以确保投影质量与效果的最佳呈现。所有镜头的透镜材质均采用增强型的低弥散玻璃，形状系专门设计的非球面状，为的是提高对比度，改善色彩饱和度。最重要的是为了最终的图像能够获得异常卓越的清晰度和轻松可辨的细节表现。该机还设有帧锁定同步功能，针对多信道显示系统配置时，可实现多个装置之间的同步运行。FL35 提供高帧速率显示和高帧频刷新率以减少甚至消除运动画面易产生的拖尾现象。无需更换投影灯泡、无色彩退化、图像无闪烁以及运动画面不模糊是这台 LED 投影机的特征。它应用的技术有：

1. ReaLED

ReaLED 是 FL35 中应用的一项第二代固态电晶体光源技术，该技术支持投影机长时间运行、精准的颜色重现、用户几乎没有什么维护花费。投影机的运行极其稳定、可靠。色彩与亮度设置在使用寿命期始终保持恒定、参量校正十分简便直接。

2. RealColor

RealColor 是 FL35 中应用的一项色彩控制与管理技术。这项 Projectiondesign 公司独有的颜色管理体系标准，对产品出厂前的色彩精确定位起到了重要的保障作用。用户使用前可以根据自己个性化颜色偏爱，对需要的白色度和灰阶度进行校正。操作时只需花一丁点时间，简单选择和设置好颜色管理模式与显示特性，RealColor 管理系统就会自动实时动态调节出适当的灰阶，以真实再现原始视频图像的本来颜色。

3. SRP

SRP（Smear Reduction Processing）是 FL35 中应用的一项投影图像画面显示改进技术，主要用于解决运动图像通常易出现的模糊现象。这项在单芯片 DLP 投影机中使用的图像处理技术贵在它的处理效果。经 SRP 技术处理后，投影在屏幕上的图像，不管其尺寸多大，丝毫不见一点模糊状。在 FL35 投影快速运动图像时，其视感效果的改善尤为明显，观者看到的是平滑顺畅而又十分清晰的画面。

思考题和习题

7-1 简述 DMD 器件的构成。

7-2 简述 Smooth Picture 技术的原理。

7-3 简述单片色轮式 DLP 投影原理，画出草图。

7-4 简述采用 Philips 棱镜的三片式 DLP 投影原理，画出草图。

7-5 简述 LED 光源与 DLP 投影显示结合的优势。

7-6 简述 LED 光源单片式 DLP 投影原理，画出草图。

第8章　投影显示新技术

8.1　激光投影显示

激光显示技术是以红、绿、蓝三基色激光为光源的显示技术，激光显示色域覆盖率可达 90%，即彩色显像管的 2 倍以上，可以真实再现客观世界最丰富、艳丽的色彩，提供更具震撼的表现力。激光显示还具有高分辨力、数字信号等特征，可以实现最完美的色彩还原。因此，激光显示将成为下一代大色域全色显示时代的主流技术。

激光是线谱，具有很高的色饱和度，可显示自然界最真实、最丰富、最鲜艳的色彩。激光强度易控制，激光显示技术的显示屏幕从"个性化头盔"到"超大屏幕"均可以实现，激光方向性好，能实现更高的显示分辨力。

目前，中国在激光显示技术的核心部件和技术方面均有自己的专利保护，我国已具备自主发展和逐步实现产业，建立激光显示民族产业的优势。激光全色显示将在公共信息大屏幕、数码影院、家庭影院、飞行员摸拟训练以及个性化头盔显示系统等领域具有很大的发展空间和广阔的市场应用前景。

激光投影显示有两种方式，一种是采用面阵空间光调制器的投影成像方式，另一种是扫描式的投影成像方式。

8.1.1　采用面阵空间光调制器的投影成像显示

这种方式采用 LCD、DMD、LCoS 等面阵空间光调制器对扩束准直的激光光束进行调制，然后通过投影镜头将调制后的小画面图像放大成像到投影屏幕上。

142

激光光源相对于其他光源在色彩范围、光能利用率以及寿命方面的优势，使得激光成为投影设备更理想的光源。但是激光作为投影系统光源也存在其固有的缺陷。激光是一种高度相干光，当它入射到粗糙物体表面上时，来自粗糙表面上各个小面积元射来的基元光波在空间相互干涉，形成振幅、强度和相位随机分布的呈颗粒状图样的斑纹，也称为激光散斑（Speckle）。它既可以起因于光波自由空间传播，也可以起因于成像系统。

屏幕上斑纹的出现严重影响了成像清晰度，使图像分辨力下降。在激光投影显示发展的过程中，提出了许多消除散斑的方法，如利用不同波长的光源、单光纤或纤维束照明等来降低激光相干性，利用脉冲激光的叠加、移动散射体、移动孔径光阑、屏幕的振动等方法来降低散斑。国内也有学者提出采用超声波衍射改变波前形状的方法，并取得了不错的效果。

图 8-1 是采用面阵空间光调制器的激光显示工作原理示意图。红、绿、蓝三色激光分别经过扩束准直、均匀光场、消除散斑后入射到相对应的光阀（光调制器）上，光阀可以是 LCD、LCoS、DMD 等。光阀上加有图像调制信号，经调制后的三色激光由 X 立方棱镜合色后入射到投影镜头，最后投射到屏幕，得到激光显示图像。

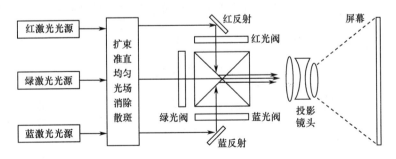

图 8-1　采用面阵空间光调制器的激光显示工作原理示意图

基于面阵空间光调制器的激光投影显示技术中，如何进一步减小甚至消除散斑对于画质的影响以及高性能激光器成本的降低是关键问题。

8.1.2 基于扫描的激光投影显示

基于扫描的激光投影显示技术是凭借激光束准直性和方向性好的特点，利用扫描器件（转镜或振镜）将激光束高速扫描到屏幕的相应位置，利用人眼视觉暂留效应形成完整的画面，这种方式也称做激光扫描显示。

基于扫描的激光投影显示除了激光作为光源的优势之外，还具有一些特殊的优势：

（1）由于准直的激光束不存在聚焦问题，因此激光扫描投影显示的投影面可以是平面，也可以是任意的曲面，甚至烟幕、水幕都可以作为投影的屏幕。

（2）激光扫描投影显示系统中没有大量的光学元件，大多数元件由半导体器件构成，系统可以十分紧凑，能够应用于便携设备甚至移动设备。

（3）激光扫描投影显示所显示的画面尺寸在理论上没有限制，同一套设备也可以实现不同画面格式与尺寸的投影显示。

典型的激光扫描投影显示系统由激光光源、光调制器、光束扫描器件、激光合束装置以及控制器组成。图 8-2 是激光扫描投影显示系统结构示意图，红、绿、蓝三色激光器发出的激光分别经过聚焦透镜进入受视频或者图像信号控制的光调制器，经调制后的三色激

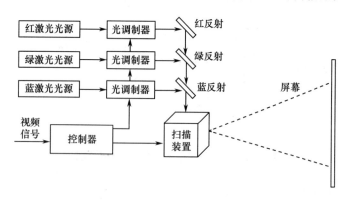

图 8-2　激光扫描投影显示系统结构示意图

144

光准直后经过二向色性反射镜反射和折射合为一束。这束合成光被同样受控制的光束扫描器件反射到屏幕特定的位置，利用人眼视觉暂留效应，不同时间、不同位置的反射光斑在投影屏幕上形成一幅完整的图像。

扫描装置是激光扫描系统中最重要的组件，也是实现技术难度最大的一个环节。主要方法有电光偏转、声光偏转、衍射偏转和机械偏转，而机械偏转是目前发展的主流。机械式扫描器件有多面转镜、检流计式振镜和微电机系统（Micro Electro-Mechanical System，MEMS）振镜等。MEMS 主要包括微型机构、微型传感器、微型执行器和相应的处理电路等几部分，它是在融合多种微细加工技术的高科技前沿学科。MEMS 技术在光通信、医疗、汽车以及显示行业都有很大的应用潜力，在显示领域的一个成功的应用实例就是 TI（Texas Instrument）制造的 DMD。

MEMS 扫描振镜是一个矩形或者椭圆形的小薄片，薄片一侧镀上反射膜作为反射镜。反射镜由两根扭转弹性悬臂或者一根弯曲弹性悬臂悬挂在运动框架上。运动框架在静电作用、压电作用或者热机械作用下做偏转运动，激光束经过反射可在一定范围之内扫描。运动框架以及悬臂一般是由单晶硅或者多晶硅经过刻蚀、沉积、掺杂等微加工工艺形成，与集成电路制作工艺类似。MEMS 微振镜用于显示的最大优势就在于集成度高，可以将整个扫描系统集成在一个硬币大小的模块里，大大减小了整个系统的体积，便携式投影仪就成为了现实。

激光投影技术充分利用了激光特性，利用扫描方式成像，与 CRT 显示器的电子扫描一样，只是电子束换成了激光。激光投影技术的最大优势是无需聚焦和投射镜头，这样结构更加简单，体积可以做得更小。Microvision 第一款使用激光技术实现投影显示的产品 Showwx，可以在一个黑暗的房间里投射 200 英寸的画面，其分辨力为 WVGA（852×480）。

8.2　微投影技术

从技术特征上，首先微投影（Pico Projector）质量在 452g（约等于 1 磅）以下，亮度在 100lm 以下，体积小巧，可以随携带；另外微投影一般使用了 LED 或者激光这样的新型固态光源，功耗低、无需专门的散热风扇，可以实现即时开关机，而且可以使用电池供电，实现真正的移动投影。Displaytech 公司的 FLCoS（Ferroelectric LCoS，铁电 LCoS）技术是一种低成本的 LCoS 技术。FLCoS 面板主要作为数码相机的取景器使用，已经生产了近 2000 万片，如今 FLCoS 面板主要提供给微投影 OEM 厂商。它同样采用了将红、绿、蓝三色光以 360 次/s 频率分时反射生成彩色图像的方式进行投影。图 8-3 是单片 FLCoS 微投影机示意图。由于采用了红、绿、蓝三色独立 LED 光源，省去了原来 LCoS 投影机中的分色系统，可以大大简化结构。同时由于使用了固态 LED 光源，功耗低，发热量低，无需为光源配备散热系统，进一步简化了结构，减小了体积。目前 Displaytech 已经推出了 SVGA 和 VGA 两套开发套件，其中 VGA 的开发套件已经被 OEM 厂商广泛采用，3M 等厂商推出的微型投影机都采用了 VGA 的开发套件。

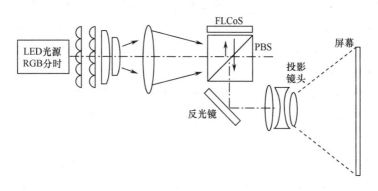

图 8-3　单片 FLCoS 微投影机示意图

硅基铁电液晶（Ferroeletric Liquid Crystal on Silicon，FLCoS）是一种新型的 LCoS 芯片结构，通过注入铁电液晶这种高速响应液晶材料封装而成。与普通的 TN 或 STN 型 LCoS 相比，铁电液晶具有更高的响应速度和更好的双稳定性等特点。

铁电液晶分子具有自发极化强度，在外界电场作用下响应迅速，分子呈圆锥状运动，分子层排布均匀。利用铁电液晶已经制造出表面稳定型铁电液晶显示器（Surface Stabilized，SSFLC）和高分子聚合物型铁电液晶显示器（Polymer Stabilized，PS），这些显示器响应速度快，视角范围大，对比度和分辨力高，是 LCoS 微型投影芯片的最佳选择。

铁电液晶盒的响应时间随液晶光学厚度的增大而增大，随负载电压的增大而减小，因此液晶盒的厚度不能太厚，否则响应时间过长，也不能太薄，否则铁电液晶难以形成均匀排布，根据分析得到的最佳厚度为 0.75μm 左右。

但是应该看到，FLC 突破了相应速度的障碍却给设计和生产摆出了更大的困难和挑战。首先，FLC 的亚微米盒隙就要求特别工艺和专有生产线，这就很难判断技术成本和普及性。例如，封装 FLC 的硅基底要有非常高的平整度，即要求特殊的化学机械抛光（CMP）。其次，亚微米盒隙技术还相当新，与已建立的工艺线相比，FLC 的产量仍相对低。另外，在 FLC 显示中液晶取向是个关键问题，过去各种取向工艺都用于定向液晶分子。传统的 TN 液晶工艺使用摩擦技术，Kopin 公司使用沉积氧化层的方法，而 FLC 制造者迫不得已使用特殊的温度循环工艺，包括使用精确的升温和降温技术来稳定 FLC 材料。FLC 的抗冲击性也不如 TN 材料，一旦分子失去取向便不能再自对准。所以加温、冲击、振动都能使显示性能退化。在使用 FLC 微显示器前必须考虑系统可能工作的温度范围。

德州仪器公司从开始尝试 LED 和激光等固态光源开始，逐步向微投影领域渗透。第一代 DLP 微投影芯片的分辨力 HVGA（480×320），采用红、绿、蓝三色 LED 固态光源，亮度在 10lm 左右。还有一套掌上型方案，其分辨力为 858×600，同样采用了红、绿、蓝三色 LED 固态光源，亮度在 100lm 左右，质量在 452g 左右。

8.3 数字光路真空管 DLV

DLV（Digital Light Valve，数码光路真空管，简称数字光阀）是一种将 CRT 透射式投影技术与 DLP 反射式投影技术结合在一起的新技术。该技术的核心是将小管径 CRT 作为投影机的成像面，并采用氙灯作为光源，将成像面上的图像射向投影面。因此，DLV 投影机在充分利用 CRT 投影机的高分辨力和可调性特点的同时，还利用氙灯光源高亮度和色彩还原好的特点，DLV 投影机不仅是一款分辨力、对比度、色彩饱和度很高的投影机，还是一款亮度很高的投影机。其分辨力普遍达到 1250×1024，最高可达到 2500×2000，对比度一般都在 250:1 以上，色彩数目普遍为 24 位的 1670 万种，投影亮度普遍在 2000～12000lm（ANSI），可以在大型场所中使用。

8.4 栅状光阀 GLV

8.4.1 GLV 的基本原理

GLV（Grating Light Valve，光栅光阀）是采用 MEMS（Micro Electro Mechanical Systems，微机电系统）工艺、利用传统 CMOS 材料和设备加工成型的微型反射式相位光栅新器件，它基于光的反射及衍射效应的光学原理，基本结构是条状结构组成的器件单元，每个单元由彼此隔开的偶数个平行的可动辐条和固定辐条组成，其基底材料为硅，可动辐条材料为 Si_3N_4，具有较好的张力和耐用性，条带表面镀一层很薄的铝膜，具有很高的反射率和电导率。辐条与基底间有很小的空气间隙，在两者之间施加电压时，可动辐条在电场力的作用下会下移，辐条的运动通过静电引力或斥力实现。图 8-4 是 GLV 通电时的工作状态。

GLV 单元在没有通电的状态下，条带的表面共同形成一个平面镜，此时 GLV 起到一个平面反射镜的作用。通电时，GLV 的可动辐条被静电力吸引下降，固定的辐条和可动辐条之间就具有了高度差，

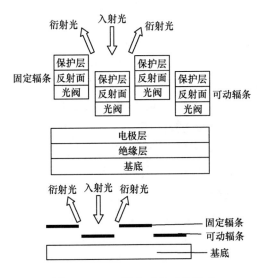

图 8-4　GLV 通电时的工作状态

形成反射型衍射光栅。用固定波长的单色光照射衍射光栅时，就会产生衍射光，在衍射光射出的路径上设置接收装置即可接收衍射光。

8.4.2　线阵 GLV 投影平面图像

　　GLV 的显像器件并不是做成面阵，而是做成长条形（线阵结构），GLV 的长度是可以显示的垂直像素，宽度只有一个像素，通过另一只反射镜的扫描而得到一幅图像。图 8-5 是 GLV 投影光学引擎。

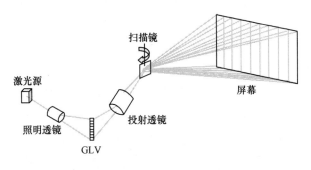

图 8-5　GLV 投影光学引擎

由于是通过水平扫描成像，因此 GLV 是在水平方向上可变像素的显示方式。垂直方向的 1080 个像素是固定的，水平方向取决于相应的控制和处理电路，而与 GLV 器件本身无关，因此图像的宽高比也和 GLV 器件本身无关。也就是讲，同一个 GLV 器件，在成品的 GLV 投影机上，可以做成 4:3 的，也可以做成 16:9 的，还可以做成 16:10 的；可以做成 1920×1080 的，也可以做成 3000×1080、5000×1080 的。由于 DMD 元件是"整面显示"，而 GLV 是横向扫描显示，因此做成成品时，单板式 DLP 和 GLV 投影机的差距应该不会太大，GLV 的速度大约是 DLP 的 1.5 倍左右。GLV 激光投影机之所以如此受人瞩目，3000:1 的超高对比度确实是其他技术（DLP，LCD，LCOS）望尘莫及的。

GLV 的结构及其工作原理决定了其有效衍射面积较小，因此只能得到 GLV 的线阵结构，在用于显示时，利用扫描机构得到面阵图像显示，增大了显示的体积及机电控制的复杂度。

GLV 目前的技术难点有以下两个方面：

（1）GLV 批量合格率。GLV 是"线成像"，只需要保证 1080 个像素工作正常，但是如果一个像素有问题，那经过水平扫描得到的整条水平线都有问题。1080 个像素中有一个"瑕疵"点的 GLV 就是废品。

（2）水平扫描成像。GLV 是通过水平扫描最后来形成一幅图像。如果水平扫描镜是匀速转动，那么相同的时间内，在屏幕中心形成的图像就比屏幕边缘的窄，相当于 CRT 显示。

8.5 色轮技术

色彩还原的能力，是衡量投影机优秀与否的重要标准。由于 DLP 投影大都采用单片 DMD 方式，需要用色轮来完成对色彩的分离和处理，单片 DMD 投影机色轮在同一时间内一次只能处理一种颜色，因此会带来部分亮度损失，同时，由于不同颜色光的光谱波长固有特性存在着差别，从而会产生色彩还原的不同，导致画面色彩表现出红色不够鲜艳。因此，如何使投影机既具有足够的显示亮度，同时又能充分的保证色彩的真实还原，是每个 DLP 投影机厂家在产品设计中必须着重考虑的问题。

8.5.1 黄金色轮

明基（BenQ）公司的第一代黄金色轮技术，是在传统四节点色轮（RGBW）中，加入比例正确、精准的黄色，构成五节点色轮（RGBWY），在不降低亮度的前提下，大幅改善色彩还原表现，特别是能将一般投影机最难表现的肤色、草绿色、金属色做比较忠实的呈现。BenQ 推出第二代黄金色轮技术，运用更为领先的色轮涂布技术对色轮五个色段的比例进行了更为精准的调整，增加全域色彩的表现范围。同时，依据多年来在最佳γ值调校技术领域积累的经验，研发出 Notebook 模式（演示模式）和通过国际认证的 sRGB 模式（照片模式），一改 DLP 投影机色彩软肋，令投射出的色彩更符合市场主流笔记本式计算机所采用的液晶显示色彩标准。

BenQ 的第 3 代黄金色轮技术与第 2 代最大的差别在于色彩管理、影像处理器、色轮涂布三项技术的提升。它包括三维色彩管理技术（3D Color Management）、先进色轮涂布技术（Advanced Color wheel Coating Technology）、10 位图像处理技术（10bit image processing），在色彩还原和图像处理方面有了质的飞跃。

（1）三维色彩管理技术。从工程光学上来讲，颜色有三种表现特征，即色调、饱和度和亮度。色调是区分不同色彩的特征，饱和度表示颜色接近光谱色的程度，亮度表示颜色明亮程度。三维色彩管理技术，不仅可以精准地确定色调与饱和度，同时还可以提升画面的亮度。一般的色彩管理方法是二维的，对于同一色调的颜色，其饱和度与亮度往往不可兼得，在保证亮度的情况下，饱和度很难提升。BenQ 的三维色彩管理技术，对各种颜色的管理，在不影响饱和度的情况下，同样可以提升亮度，从而得到更加亮丽、真实的色彩。

（2）先进色轮涂布技术。色域主要由色轮涂布决定，BenQ 第三代黄金色轮技术采用了最新的先进色轮涂布技术，扩大了整个色域，与第二代相比，在不需要牺牲亮度的情况下，能带来比第二代 sRGB 模式（照片模式）更佳的色彩饱和度。

（3）10 位图像处理技术。R、G、B 每种颜色的位数为 10bit，能准确地呈现 10 亿 7000 万（2^{30}）种色彩，投影机能进行更细微的反差调整，色彩表现更加圆滑、细致，图像更加亮丽、逼真。

明基（BenQ）公司的最新黄金色轮是六节点色轮（RGBWYC）。

8.5.2　旋彩轮技术及 NCE 技术

东芝公司将五段式色轮（RGBYW）命名为旋彩轮。东芝旋彩轮技术一方面增加了黄色色段，光的利用率更高，大大提升了色彩的饱和度，画面更加鲜艳柔和；另一方面微镜倾斜角度进行了调整，反射效率更高，微镜下增加了黑色金属层（DM3）吸收反射光，图像对比度更高，配合"调色板技术"的亮色分离、智能补偿、逐行扫描等功能，可以自动消除投影中的彩色串扰、色彩不均和图像发白等现象。

自然色彩增益（Natural Color Enhancer，NCE）是东芝投影机为贴近用户需求，提供更加真实完美影像，针对提升图像画质而推出的一项独有技术，包括硬件电路和软件系统，确保与输入源信号一致，在确保东芝投影机产品亮度的同时，投影画而色彩更加真实自然，完美艳丽。NCE 技术通过对色彩的修正和补偿，显著提升色域覆盖率，尤其大大提升黄色的色调及色彩饱和度，真实再现输入源信号，进一步全面提升画质效果，输出更纯正自然的投影影像，通过对红色和绿色色坐标的调整，使色域的覆盖率大大提升。

8.5.3　双色轮技术

双色轮技术是惠普公司的专利技术，采用两个色轮，用户可以自行选择使用哪一个色轮进行投影工作。当使用四色段色轮时，可以提供清晰亮丽的演示效果；当使用六色段色轮时，可以提供影院级效果的色彩表现水平。但双色轮技术实现成本过高，只能让用户在一台投影机上对亮度和色彩进行取舍，并不能真正做到亮度与色彩兼得。

8.6　触控投影机

1. 触控投影机

触控投影机是可以在投影画面上进行触摸操作的投影机。不需要任何特殊的屏幕就可以直接在投影机所投影出来的任意画面上做计算机功能点选、上网、书写、文字、绘图，它可以在现有的黑板教室中，配合已经有的下拉式软性屏幕，立刻达到即时互动教学的目的。

光学触控投影机与普通的投影机看上去无任何的区别，它的特别之处在于多了一根无线指挥棒与一支无线电子笔，使用无线指挥棒或无线电子笔，就可以在任何的白色平面投影上，如投影幕布、白色墙壁等，进行写字、画画、点击等操作。也可用红色激光笔进行远距离操作。

美国宝莱特公司（BOXLIGHT）北京公司的光学触控投影机型号有三种：BOXLIGHT CP-76SP、BOXLIGHT CP-78SP 和 BOXLIGHT CP-86SP。

宝莱特的光学触控投影机，内置了 8W 高功率喇叭，有高效率的声音输出，比一般喇叭音量大 4 倍。在软件有声音输出时，投影机的音量与音质可以完美呈现声音的效果。不需要外接喇叭由投影机输出即可。

光学触控投影机使用无线电子笔和指挥棒，轻轻地按下功能键，就能够选择不同颜色的笔，功能键提供笔有粗细的选择，用一枝笔，能发挥强大的互动功能。

2. Colorma 触控专家

Colorma 触控专家 SA-1214 是互动教学设备专业生产厂商美国宝莱特公司研制的一种基于红外光电技术的互动教学系统，配合任何品牌投影机实现互动演示教学功能。可直接在投影机所投影出的画面上，在任意位置做类似计算机功能的点选、上网、书写、文字、绘图。触控专家改变了传统教学枯燥沉闷的教学气氛，老师和演讲者可以摆脱粉笔和鼠标的束缚，大大提升了工作及学习的效率。

触控专家外观时尚，底部设计了三角架螺纹接口，吊装和桌面两用。产品设计人性化、适应性强、定位精度高、抗干扰能力强、安装方便、适应性强。产品安装调试方便，对应用环境的改造程度最低，即时实现交互式演示，可在教室或会议室任何屏幕（或投影白板）或墙壁安装使用，画面尺寸自由调整，40～110 英寸以内画面效果最佳，普遍适用于普通教室交互式多媒体改造。

触控专家软件稳定可靠。图标简洁直观使用方便。可实现双笔书写（同屏同色，分屏多色）采用红外 4 点校准，简单精确，方便快捷。设备精致，便于携带。该方案设备小巧精致，可随身携带，可配合任何品牌投影机，方便移动教学或办公。

Colorma 触控专家参数如下：

1）技术规格

传感技术：CMOS 红外感应。

IR band：940nm。

投射比：1.4。

分辨力：2560×1920（interpolated），640×480（native）。

Frame rate：60F/s。

输入端口：Mini B type USB（USB1.1/USB2.0）。

校准方式：使用光笔手动校准。

校准点数：4 点校准。

驱动安装：Driver 内容驱动。

功耗：200MW。

建议画面尺寸：20～110 英寸。

尺寸：122（宽）mm×81（长）mm×28.2（高）mm。

质量：142g。

2）系统需求

Windows 操作系统：Microsoft Windows XP（SP2）/Vista/Windows7

or Above；DirectX 9.0 或以上。

　　处理器：①Core Du ②Intel。

　　内存：512MB 或更多。

　　硬盘最小使用空间：30MB。

　　Mac 操作系统：OS X v10.4.11～v10.5 或以上（除 v10.6.3 以外）。

　　3）包装

　　包装尺寸：433（宽）mm×157（长）mm×72（高）mm。

　　包装总重：757g。

　　标准配件：指挥棒×1（AAA 电池×2）、吊装配件。

　　USB 连接线：1.5MB×1。

　　选配件：触控光笔。

思考题和习题

8-1　激光投影显示有哪两种方式？

8-2　简述采用面阵空间光调制器的激光投影原理，画出草图。

8-3　简述采用扫描式的激光投影原理，画出草图。

8-4　简述单片 FLCoS 微投影原理，画出草图。

8-5　简述 GLV 的基本原理。

8-6　简述线阵 GLV 投影平面图像原理，画出草图。

8-7　色轮有哪些新技术？

第9章 投影显示产业链

投影机产业链主要由核心显示芯片、光源、光学引擎、代工厂、品牌厂等组成。

9.1 核心显示芯片

由于核心显示芯片决定了投影机整机的产品类型和质量，因此，在各种不同技术的投影机里面，核心芯片的成本都占据了整机成本较大的比例。其中 DLP 技术芯片占整机成本的比例较高，达到了 30%～40%，3LCD 和 LCOS 也占据了 20%～30%的成本。核心显示芯片的供应商是整个投影机价值链的中枢。

9.1.1 核心芯片供应商

在 DLP 技术中，TI（得克萨斯州仪器）是唯一的核心芯片 DMD 的供应商家；在 3LCD 技术中，主要是爱普生和索尼公司能够提供显示芯片，索尼的 3LCD 目前基本上是自给自足，爱普生除了自给外，是目前市面上 3LCD 显示芯片的唯一供应商。应用 3LCD 技术的厂家绝大部分也是日系厂家；LCoS 显示技术由于没有专利垄断的原因，在各地都得到了发展。日本的索尼推出了 SXRD 的 LCoS 芯片，JVC 推出了 ILA 的 LCoS 芯片，在中国台湾的联电也推出了近似的 LCoS 芯片，美国的 AURORA 公司也推出了较为成熟的 LCoS 显示芯片。虽然 LCoS 有很多优点，但由于生产工艺问题导致量产质量不稳定，性价比不高，应用厂家比较少，生产量也比较少。

9.1.2　核心芯片供应商与产业链厂家的矛盾

由于核心芯片厂家在推广的过程中，为了迅速地扩大市场份额，采取了低价竞争的策略。首先是核心芯片不断地进行技术升级，然后不断地降价。而配套的产业链很长，为了配合核心芯片的升级，产业链需要不断地升级。而目前的投影市场并不大，在短时间内进行技术升级，会导致上次投资的升级尚未赚钱甚至还没有收回成本的时候就又要开始下一轮的技术升级问题。这是目前核心芯片厂家与产业链厂家最大的矛盾。

因为得克萨斯州仪器和爱普生不断地对核心显示芯片升级，如DLP从2004年的HD2一路升级，到2005年的HD3，2006年的HD4和HD5，3LCD从以前的D3升级到无机面相基板的芯片D7，都涉及了光学引擎（光机）设计和生产配套的巨大变化。这样一来，本来利润就不丰厚的前端产业链如光机、灯泡等为了迎合核心显示芯片的技术升级，不得已必须跟着技术升级，导致了前端厂家的利润明显降低，甚至达到了亏损的地步。特别是光机厂家，因为光机的设计是完全迎合芯片的技术来进行的。由于频繁的技术升级，后端厂家基本上没有完全跟着核心芯片的步调走，如DLP队伍中，当德州仪器的核心芯片升级到HD5的时候，还有很多厂家还在生产HD2的产品。为了驱使整个产业链的技术升级跟上核心芯片厂家的步伐，核心芯片厂家开始严格控制和缩短核心芯片的生命周期。这样的后果就是市场对低成本、新技术的投影产品有需求的时候，有核心显示芯片，有整机厂家，中间的光机的技术步调和产能却无法满足，而旧的技术的产品却还仍然处于销售时期，导致了整个产业链步调不一致的问题。

德州仪器注意到这个问题，在HD5升级后，HD4的光机平台还是可以应用HD5的DMD芯片。按照这个思路走下去，前端产业链技术升级的频率不需要完全紧跟核心芯片来进行。这样，整个产业链的更新速度和更新代价不再有以前那么多，以后的产业链也会更加健康地发展。

9.1.3 核心芯片技术的发展

DLP 技术是数字投影方式，发展趋势是尺寸越来越小巧，成本也越来越低，包装的成本也将越来越低，价格越来越便宜，在移动投影方面将会发挥很大的作用。特别在低成本、小体积的随身投影发展起来以后，和手机摄像头一样，将会成为未来的流行趋势。DLP 也会朝着更高清晰度方向发展。

3LCD 技术是模拟投影的方式，优势是色彩自然，表现能力丰富。由于无机配相膜的应用大大提高使用寿命，对于色彩要求比较高的消费类电子方面将会得到越来越多的应用。体积更小，使用寿命更高，色彩表现能力更丰富是 3LCD 未来发展的趋势之一。

LCoS 技术是模拟和数字结合的技术，结合了数字和模拟技术的优点，但是由于工艺技术的问题，成本很高，使用寿命不够长。一旦生产工艺得到突破，优势将会大大地发挥出来。表现为超高清晰度的投影，特别是专业投影方面，LCoS 将具有不可比拟的成本优势和表现能力优势。在低成本的 LCoS 芯片技术工艺突破以后，对 DLP 技术的微型化也有着巨大的威胁，因为 LCoS 芯片的节能是远远优于 DLP 技术。LCoS 显示技术将会朝着超高清晰度和超小型两个方向发展。

未来的投影技术在立体（全息）成像方面也有着更大的优势，是平面成像的固体成像技术不能比拟的。在大屏幕、超高清晰度和成本方面，投影都比固体成像具有优越性，但是固体成像的图像质量受外界环境的影响远远不如投影技术受到的影响大。

9.1.4 核心芯片的选择

核心显示芯片的成本降低趋势方面，DLP 应是首选，LCOS 也不错，3LCD 则远远落后于其他两种技术。

微型化的趋势上，DLP最为符合。最能把投影机做小的应属激光投影技术，但可惜的是目前激光投影技术还不是一项普及的技术，还只是处于试验性阶段，没有量产。比较目前主流的两大投影技术LCD和DLP，从技术原理出发，相对而言DLP投影技术在投影机产品小型化方面有着更强的优势。DLP技术对于投影机小型化做出了重要的贡献，这是因为采用单芯片设计的DLP投影机光学系统能够设计得更加简单，因此更小更轻。LCD技术由于液晶片技术导致尺寸限制和三片式导致的复杂光路设计，在整机产品体积缩小和重量的减轻的推进上相对缓慢，在微型化方面无法和DLP抗衡。从2000年起到2002年期间低于2kg的投影机全部是采用DLP技术，在2002年EPSON将LCD投影机记录降低到1.9kg，2006年Panasonic创纪录地降低到1.3kg。目前主流便携产品（以低于2kg为标准）数量仍然是DLP技术占据了绝对优势。LCOS目前的生产工艺不够成熟，在小型化方面还需要进一步完善。

在可靠性方面，单片DLP投影机的光学结构设计简洁，经济高效，整机价格实惠，外形轻巧。有以下三个方面的技术原因：

（1）由于DMD芯片的响应时间很短，LCD或LCoS技术则响应时间相对较慢，不能像DLP技术一样采用单片结构通过分时技术来进行彩色显示。LCD和LCoS通常采用三片结构进行彩色显示，相对单片结构，需要采用更多的光学器件、镜头、滤镜和微镜以引导光源到显示芯片（LCD或LCoS芯片）上，增加了光学系统的体积、质量和成本。

（2）三个显示芯片（LCD或LCoS芯片）必须通过汇聚调试才能准确显示。调试好的汇聚系统在运输和使用时的热循环中很难维持稳定，因此随着使用时间的增加，三片汇聚调试系统容易发生偏移，影响画面质量。

（3）LCD是基于液晶的投影系统通过调制光的极化以创建图像。要长期维持光的极化纯度要克服很多困难因素如热度、波长和锥角的灵敏度等，导致很难获得高对比度。DLP 投影技术对极化作用不敏感，容易做到高对比度，可以轻松做到 1500∶1～3000∶1，典型 LCD 投影机对比度仅在 500∶1 左右。

在超高分辨力的高清显示方面，LCoS 具有 DLP 和 LCD 不具备的优越性。目前，LOoS 芯片分辨力水平已经可以覆盖 2K、3K、4K、8K 等水平产品，而 DLP 技术分辨力的提升难度在于 DLP 的微电子机械学结构，单片 DLP 产品的分辨力最高仅仅 2K，这是 DLP 投影产品和 3LCoS 对抗时候的致命弱点。因此未来的超高清晰显示市场，特别是数字电影放映市场，3LCoS 和 3DLP 的对决中谁输谁赢还是具有很大的不确定性的。

从市场竞争的角度，中国企业更适合 DLP 和 LCOS 技术。3LCD 的核心显示器件——HTPS 显示器件及芯片控制在两家日本企业爱普生和索尼的手里，这两家企业都是从头端到终端全部参与。这样对仅仅掌控终端进行竞争的中国企业非常不利，一旦终端竞争发生冲突，日本企业就可能从核心器件方面对竞争对手进行控制，这方面已经出现过多次这样的情况。而 DLP 的核心器件掌握在 TI 手中，TI 并没有参与终端的制造和销售，作为产业链的合作，芯片供应商和终端销售商关系更加和谐。目前 LCoS 核心显示芯片的成品率还不高，出于对民族工业的支持，LCoS 在中国一定会是政府意志的表达。3LCD 和 DLP 的核心专利都掌握在日本和美国手里面，而 LCoS 则是中国最后的机会。

9.2　光　源

9.2.1　超高压汞灯

超高压汞灯常用的有 UHE 灯泡（爱普生技术）和 UHP 灯泡（飞利浦技术），其寿命较长，一般标称 6000h，最长的甚至标称 12000h，累计工作时间 4000h 后亮度也不会出现明显的衰减。UHP 灯泡不仅正常使用时间比金属卤素灯泡高一倍，而且这种灯泡的性能曲线平滑、亮度高、长时间使用亮度下降不明显，适合长时间使用。UHP 灯泡是投影机的一种理想光源，随着投影机的逐渐普及和市场竞争的不断加剧，部分经济型投影机也使用了 UHP 灯泡。

超高压汞灯的生产技术要求严格，工艺水平要求比较高，全球目前主要是荷兰的飞利浦公司、德国的欧司朗公司和日本的松下公司、牛尾公司（USHIO）和凤凰公司在生产。其中飞利浦和欧司朗的市场份额较大，日本公司主要为日系投影机配套生产。这些公司的产品质量好，但是价格昂贵，是阻碍投影机进一步普及的重要原因。

由于专利技术和生产工艺的限制，我国目前生产超高压汞灯的厂家很少，价格约为进口产品的 1/2。由于质量控制问题，目前用于维修的换灯市场，几乎没有整机厂家采用国产超高压汞灯。主要的生产厂家有河南广通电子公司、苏州杰恩保公司、湖北孝感捷能公司、丹东新业明公司，以及北京的益利光源公司等。

目前灯泡的使用寿命问题是导致投影产品无法大众普及的关键障碍。投影机整机产品的寿命主要是取决于核心显示芯片，DMD 的正常寿命是 10 万 h，3LCD 和 LCOS 芯片的正常寿命也在 2～6 万 h，而灯泡的寿命一般在 4000～8000h 左右，导致了在正常使用投影产品的过程中，消费者就不得不两年换一次灯泡。为了维护产业链的利润率，灯泡厂家只对大量采购的光机或者整机厂家出售灯泡和配套的点灯器。经过光学引擎供应商、整机厂家、售后部门的层层盘剥，导致了维修市场正品灯泡的售价达到了出厂价格的一倍以上，在整机价格大幅降低的今天，出现了消费者"买得起投影机，用不起灯泡"的怪现象，使得投影产品在面对平板产品的竞争时消费者心理天平倾向于平板产品，成了投影产品大众化的一个巨大障碍。

9.2.2 LED 灯

LED 具有极高的发光效率和寿命，光谱色纯度较高，色域理想，无需特殊的驱动装置，可以构建更为简洁的光源系统。目前高亮度 LED 已成为投影光源发展方向和热点之一。但作为投影光源 LED 因为亮度和散热问题无法大型化，目前主要应用在小型便携式投影机。

能用于投影显示的高功率、高亮度高端 LED 只有国际上少数几个厂商可以生产，投影显示用高端 RGB LED 光源市场也基本被他们垄断。其中包括美国的 Luminus 公司和德国的 Osram 公司等国际大公司。

Luminus 公司的 RGB LED 光源 PT121 系列产品在连续波情况下，红光 LED 光通量可以达到 1010lm，绿光 LED 光通量可以达到 2450lm，蓝光 LED 光通量可以达到 435lm；在脉冲情况下则可分别达到 1800lm、3500lm 和 600lm。

Osram 的 RGB LED 光源，在脉冲情况下，Osram 的 LED 光通量最高可达到红光 2700lm、绿光 3500lm，蓝光 18W 的水平。这两家公司的高端 RGB LED 光源代表了此领域中当今世界的最高水平。

由于 LED 在作为投影光源的时候，寿命都在 1 万 h 以上，不再面临业界头疼的换灯泡问题。因此，在 LED 迅速发展的时候，传统的灯泡面临着被边缘化甚至取代的危险，较大的灯泡厂家纷纷开始投资 LED 的研发，如飞利浦收购了全球最顶尖的 LED 研发公司 LUMINUS DEVICES，欧司朗也兼并了 OSRAM-OS 公司，他们在资本运作的时候，战略策划的就是对新型光源的研究和发展。未来 LED 的大规模市场化应用，将使得投影产品多年面临的换灯泡问题得到彻底的解决，也是未来投影产品能否迅速普及的关键因素。

2008 年，各种亮度，各种分辨力的 LED 投影机不断涌现，2009 年 6 月，三星公司推出亮度达 170lm 的便携式 LED 投影机。2009 年底，LG 公司推出亮度达 200lm 的便携式 LED 投影机。在 2010 年 LG 公司又推出亮度达 300lm 的便携式 LED 投影机。

家庭影院级别的 LED 投影机，发展势头也是相当迅猛。2009 年 4 月 Vivitek 推出全球首款 1080p 分辨力的 LED 家庭影院投影机，亮度达到 800lm。2010 年 5 月三星公司推出亮度达到 1000lm 的投影机。

在中国，2009 年 5 月，台湾厂商 Benq 推出了自己的便携式 LED 投影机，亮度达到 100lm。虽然亮度上还无法跟国际大厂商相比，但是也预示着中国的 LED 投影机也开始进入市场。在大陆，IVIEW 和红蝶也在近两年纷纷推出自己的便携式 LED 投影机，但这两家公司的 LED 投影机亮度均不超过 50lm，与大厂商差距巨大。

三星、LG、Vivitek、Benq 等投影机生产厂商的光源全部来自 Luminus 公司。Optoma、Acer、红蝶等 LED 投影机厂商也都使用 Luminus 公司的 LED 光源。而美国的 3M 公司和中国的 IVIEW 公司则使用的是 Osram 公司的 LED 光源。

9.3 光 学 引 擎

除了核心显示芯片和灯泡外，光学引擎厂家也是整个产业链中非常重要的一个环节。光学引擎的设计和制造工艺水平直接决定了整机的品质指标。

9.3.1 光机供应商

目前我国的光机生产厂家除了智能泰克公司外，基本都是欧美或者台资品牌整机生产厂家的子公司或者控股公司。由于整机的设计取决于光机，如果整机厂家对光机厂家的影响力不够强，则无法及时设计和生产出急需的产品，从而整个产业链都受到影响。

目前我国光机生产厂家主要有日本智能泰克公司苏州子公司、南阳智能公司、中强光电、台达公司、AMT 公司（雅图控股）和苏州蔡司公司等。批量生产的光机厂家基本都是外资或合资厂家，如智能泰克是日资，中强光电、台达是台资公司，AMT 是中美合资，苏州蔡司公司是美资厂家，南阳智能公司是中日合资公司。而我国自主光机厂家基本都是试验性质的，产量和规模完全比不上外资的光机厂家。如江西九江的 3T 公司、深圳的昂纳明达公司、成都奥晶公司、南阳辉焊公司等。这些公司虽然解决了实验室制造光机的技术问题，但是没有下游充足的订单，只有不成批量的生产，没有大批量生产合格光机的经验，无法接受市场的考验。为了弥补这方面的不足，这些光机厂家也逐步展开了和外资的合作，南方智能泰克公司的情况就是一个很好的例子。2007 年 3 月 23 日，中光学集团与日本智能泰克合资成立南阳南方智能光电有限公司，投产了中国本土最大的光学引擎生产线，中光学集团主要投资钱和厂房，占 51%股份，日本智能泰克主要是技术和生产设备投资，占据 49%的股份，合资公司总投资金额达 3 亿 6000万元。该公司主要生产 DLP 背投和前投的光学引擎（即组合了 DMD芯片和灯泡、光学器件等）。引擎占据 DLP 成本总额的 60%。南阳南方智能光电有限公司成为了我国能够成为本土最大的 DLP 引擎生产商，2010 年在光机市场有率达到 20%。

9.3.2 光机厂商与整机厂商的合作模式

1. 日本

日本的光机厂家和整机厂家是可以达到完全分离的，以智能泰克公司为例，它的主要任务是光机的光学参数和热学设计，配合整机厂家的要求，以整机厂家为主来设计光机。这样的合作模式整机厂家要为每一款光机付出巨额的设计费用和开模费用，知识产权属于整机厂家的，后续的订单基本上是整机厂家按照市场的需求来进行订单式的生产，同时，光机采用的重要元器件如核心显示芯片和灯泡都是整机厂家按照产品的市场特性向上游厂家进行定制，这样光机设计、生产的风险和主动权都在整机厂家，光机厂家只是按照整机厂家的要求来进行设计生产的，光机供应商主要是起好配套的作用。

2. 中国台湾

中国台湾的光机供应商像中强光电、台达等主要是以 OEM 整机厂家的身份出现的，光机厂家是自身的子公司，主要的客户是 OEM 生产厂家，很少对外销售光机，这样的光机厂家基本不对外专门按照客户要求设计专用的光机，主要是把一些市场需求量较大的规格自身设计开模对外销售，就形成了"公模"光机。这样的光机客户不需要预付巨额的设计费用，但是也很难量身定做合适的投影机产品。采用公模的整机厂家在核心显示芯片和灯泡的采购上由于不具有价格优势，基本委托光机生产厂家进行，这样的主动权在光机生产厂家，采用光机的整机生产厂只能按照光机厂家的供货进行生产。

3. 我国

我国目前的光机生产厂家基本上和整机生产厂家处于平等的地位上，在产业链上都比较弱势，在核心的设计技术和采购上都不具有竞争优势。为了提升竞争优势，只有光机厂家和整机厂家合作进行优势整合，才能保证产品的竞争优势。

随着我国投影光学产业链的逐步完善,将对世界投影产业链转移我国产生巨大的吸引力,我国的 X-CUBE、PBS、二向色分光镜、复眼透镜、投影镜头等相继研发成功,特别是光学薄膜技术发生了巨大的飞跃,这些光电技术的发展使得我国的光电研发生产水平有了很大的提高,而且中国光学产业目前具有相当的成本优势。技术进步和成本优势一起,使智能泰克从日本移师中国,厂家由台湾地区转移到大陆。

中国投影市场的扩大,越来越多的投影机厂家进入中国市场。如中国的联想、长虹、海信等厂家进入市场,他们需要大量的光机来与整机配套,原有的产能和合作已经不能满足市场需要;未来中国光机供应商数量将更多,光机厂的发言权将逐步增强,给整机厂家更多的选择。

思考题和习题

9-1 三种核心芯片技术如何发展？

9-2 中国企业应该选择何种核心显示芯片？

9-3 简述超高压汞灯和 LED 灯的生产和发展。

9-4 光机厂商与整机厂商有哪几种合作模式？

参 考 文 献

[1] SJT 11344—2006 数字电视液晶背投影显示器测量方法[S].

[2] SJT 11338—2006 数字电视液晶背投影显示器通用规范[S].

[3] SJT 11347—2006 数字电视阴极射线管背投影显示器测量方法[S].

[4] SJT 11341—2006 数字电视阴极射线管背投影显示器通用规范[S].

[5] SJT 11346—2006 电子投影机测量方法[S].

[6] 中国电子视像行业协会大屏幕投影显示设备分会. 解读数字电视投影机[M].
     北京：电子工业出版社，2008.

[7] 李林，等. 现代光学设计方法[M]. 北京：北京理工大学出版社，2009.

[8] 赵坚勇. 电视原理与接收技术[M]. 北京：国防工业出版社，2007.

[9] 林鹏,等. 基于 LED 的 DLP 投影显示光学引擎的研究[J]. 现代显示，2012(4)：
     49-53.

[10] 张德成，王植青. 投影机新技术概述[J]. 影像技术，2008(4)：3-6.

[11] 韩景福. MD 投影机中的光学元器件(三)——二向色分光镜与二向色合色棱
     镜[J]. 现代显示，2010(3):5-8.

[12] 韩景福. MD 投影机中的光学元器件(一)——偏振片与波片[J]. 现代显示，
     2009(12)：5-9.

[13] 马海龙. 投影屏幕的新技术革命——黑栅精显投影屏幕[J]. 卫星电视与宽带
     多媒体，2007(1)：47-49.

[14] 陆军民，等. UHP 灯的抗闪烁方法[J]. 现代显示，2005(6)：45-47.

[15] 陈育明，刘洋. 金属卤化物灯的现状及研究进展[J]. 中国照明电器，2011(4)：
     1-5.

[16] 呈永强. 金属卤化物灯相关标准比较和技术参数分析[J]. 中国照明电器，
     2005(5)：22-25.

[17] 乜勇，赵大泰. 投影机的接口[J]. 现代教育技术，2010(8)：130-134.

[18] 解放. 投影机中的"全球第一"及其所应用的技术[J]. 现代电影技术，2012(9)：

26-35.

[19] 邱崧. 基于 LED 光源的 DLP 投影系统研究[D]. 上海：华东师范大学，2007.

[20] 张洁. 面向显示基于 MEMs 光栅光调制器光学分析和实验[D]. 重庆：重庆大学，2006.

[21] 高慧芳. LED 照明颜色序列型 LCoS 微型投影仪设计[D]. 杭州：浙江大学，2011.

[22] 王蓉. LCoS 微型投影仪中照明系统的设计[D]. 杭州：浙江大学，2006.

[23] 孙鸣捷. 微型投影显示系统中混合光源照明技术和激光散斑消除技术的研究[D]. 杭州：浙江大学，2010.

[24] 代永平. LCoS(硅基液晶)显示器设计[D]. 长沙：南开大学，2003.

[25] 郝丽芳. 新型 LCoS 芯片设计测试及应用研究[D]. 杭州：浙江大学，2011.

[26] 宋丹娜. 单片彩色 LCoS 微型投影机及驱动电路研究[D]. 长沙：南开大学，2010.

[27] 江涛. 长虹投影机发展战略研究[D]. 桂林：电子科技大学，2012.

[28] 彭晨晖. 投影显示用高亮度 RGB LED 光源及照明系统研究[D]. 北京：中国科学院研究生院，2011.

[29] 卢颖飞. 单片 LCoS 时序彩色化显示的研究[D]. 杭州：浙江大学，2012.

[30] 工业和信息化部电子科技委中国平板显示产业发展战略研究课题组. 集中优势多管齐下发展平板显示产业[N]. 中国电子报，2010 年 6 月 11 日，第 003 版.

缩略词与名词术语

ANSI：American National Standards Institute，美国国家标准协会

Aperture Ratio：开口率，像素透射光或反射光面积与像素总面积之比

Black Shelf：黑栅

BNC：Bayonet Neill-Concelman，Connector Used With Coaxial Cable，一种同轴电缆连接器

CEC：Consumer Electronics Control，消费电子产品控制协议

Ceramic Metal Halide：陶瓷金属卤化物灯

CF：Compact Flash

CF-LCoS：Color Filter LCoS，彩色滤光膜 LCoS

COB：Chips on Board，板上芯片，一种封装方式

CPC：Compound Parabolic Concentrators，复合抛物集光器

CR：Contrast Ratio，对比度

CRT：Cathode Ray Tube，阴极射线管

CS-LCoS：Color Sequence LCoS，彩色时序 LCoS

CVBS：Composite Video Burst Sync，复合视频信号

CWA：Constant Wattage Auto-transfomer，恒功率自耦变压器

DBC：Direct Bond Copper，直接敷铜，一种陶瓷基板

DDC：Display Data Channel，显示数据通道

DDWG：Digital Display Working Group，数字显示工作组

DLP：Digital Light Processing，数字式光处理

DLV：Digital Light Valve，数码光路真空管，简称数字光阀

DM：Dichroic Mirror，二向色分光镜

DMD：Digital Micro-mirror Device，数字微镜器件

DP：Display Port，显示接口

DPL：Dye Pulse Laser，窄谱激光

DVI：Digital Visual Interface，数字显示接口

EDID：Extended Display Identification Data，扩展显示识别数据

Field alternative：场交替，一种 3D 视频格式

FLCoS：Ferroelectric LCoS，铁电 LCoS，硅基铁电液晶

FPC：Flexible Printed Circuit，软性印制线路板，软板

Frame Packing：帧包装，一种 3D 视频格式

Glass Beaded：微珠幕，波珠幕

GLV：Grating Light Valve，光栅光阀

GPU：Graphic Processing Unit，图形处理器

HDCP：High-bandwidth Digital Content Protection，宽带数字内容保护

HDMI：High Definition Multimedia Interface，高清晰度多媒体接口

HDTV：High Definition Television，高清晰度电视

HID：High Intensity Discharge，高亮度放电灯

HPD：Hot Plug Detect，热插拔检测

HTCC：High Temperature Co-fired Ceramic，高温共烧陶瓷

IR：Infrared，红外线

ITO：Indium Tin Oxide，掺锡氧化铟

JBMIA：Japan Business Machine and Information System Industries Association，日本商业机器和信息系统工业协会

KSV：Key Selection Vector，密钥选择矢量

Lane：AC-Coupled，doubly-terminated differential pair，交流耦合双终端差分线对

Laser：Light Amplification by Stimulated Emission of Radiation，激光

LCD：Liquid Crystal Display，液晶显示

LCoS：Liquid Crystal on Silicon，硅基液晶

LD：Laser Diode，激光二极管

LED：Light Emitting Diode，发光二极管

Light Valve：光阀

Line Alternative：行交替，一种 3D 视频格式

LTCC：Low Temperature Co-fired Ceramic，低温共烧陶瓷

170

LTCC-M：Low Temperature Co-fired Ceramic on Metal，金属基板上低温共烧陶瓷

L+depth：左视加深度，一种 3D 数据格式

L+depth+Graphics+Graphics-depth：左视加深度加图形加图形深度，一种 3D 数据格式

Matte White：纯白幕，白塑幕

MEMS：Micro Electro-Mechanical System，微电动机系统

Metal-halide Lamp：金属卤化物灯

MOSFET：Metal Oxide Semiconductor Field Effect Transistor，金属氧化物半导体场效应晶体管

MS：聚丙烯酸酯有机—无机纳米复合材料

OLED：Organic Light Emitting Display，有机发光显示器；Organic Light Emitting Diode，有机发光二极管

PBS：Polarization Beam-Spliter，偏振分光膜

PCA：Polycrystalline Alumina，多晶氧化铝

PCB：Printed Circuit Board，印制线路板

PCS：Polarization Conversion System，偏振光转换器

PDP：Plasma display Panel，等离子体显示屏

PET：polyethylene terephthalate，聚对苯二甲酸乙二醇酯

Pico Projector：微投影

PLL：Phase lock loop，锁相环

PMMA：polymethylmethacrylate，聚甲基丙烯酸甲酯

polarized light：偏振光

Projection Display：投影显示

PS：Polystyrene，聚苯乙烯

Quincunx sub-sampling：梅花形下取样，一种 3D 视频格式

ratio of all white and all black：通断比，OFF/ON 对比度

Scaler：图像缩放处理

SCL：Serial Clock，I^2C 接口时钟线

SDA：Serial Data，I^2C 接口数据线

SDTV：Standard Definition Television，标准清晰度电视

SD 卡：Secure Digital Memory Card，安全数码记忆卡

Side by Side Full：全分辨力的左右格式，一种 3D 视频格式

Side by Side Half：半分辨力的左右格式，一种 3D 视频格式

SNMP：Simple Network Management Protocol，简单网络管理协议

Spatial Light Modulator：空间光调制器

Super Wonder-Lite：一种注册的金属幕

SVGA：Super Video Graphics Array，超级视频图形阵列，800×600 个像素

SXGA：Super Extended Graphics Array，超级扩展图形阵列，1280×1024 个像素

TI：Texas Instruments，美国得克萨斯州仪器

TIR：Total Internal Reflection，内全反射

TMDS：Transition Minimized Differential Signaling，瞬变最少化差分信号

TN：Twisted Nematic，扭曲向列型

Top and Bottom：上下，一种 3D 视频格式

Tungsten-Halogen Lamp：卤素灯

UHP：Ultra High Pressure Mercury Lamp，超高压水银灯

USB：Universal Serial BUS，通用串行总线

UV：Ultraviolet，紫外线

UXGA：Ultra Extended Graphics Array，特级扩展图形阵列，1600×1200 个像素

VESA：Video Electronics Standards Association，视频电子标准协会

X-cube：X 合色棱镜

Xenon Lamp：氙灯

XGA：Extended Graphics Array，扩展图形阵列，1024× 768 个像素